探索發現

鳥類
B I R D S

〔法〕**Frédéric Jiguet** 著

萬里機構 · 萬里書店

This book published originally under the title **A la découverte des oiseaux**, Oiseaux de nos régions, sachez les reconnaître, **by Frédéric Jiguet** (2012) © **Dunod/Muséum national d'Histoire naturelle, Paris, vintage (2011, or 2012, or 2013)**

DUNOD Editeur – 5, rue Laromiguière- 75005 PARIS.

Traditional Chinese language translation rights arranged through Divas International, Paris 巴黎迪法國際版權代理（www.divas-books.com）

本書譯文由上海科學技術出版社授權出版使用。

探索發現
鳥類

編著
Frédéric Jiguet

插畫
Delphine Zigoni

譯者
張帆

編輯
師慧青

封面設計
妙妙

版面設計
Sonia

出版者
萬里機構・萬里書店
香港鰂魚涌英皇道1065號東達中心1305室
電話：2564 7511　　傳真：2565 5539
網址：http://www.wanlibk.com

發行者
香港聯合書刊物流有限公司
香港新界大埔汀麗路36號中華商務印刷大廈3字樓
電話：2150 2100　　傳真：2407 3062
電郵：info@suplogistics.com.hk

承印者
中華商務彩色印刷有限公司

出版日期
二〇一五年七月第一次印刷

萬里機構

萬里 Facebook

目錄

閱讀説明

——探索鳥類的世界——

整裝待發

您即將踏上鳥類的探索之旅。為了使您在此行程中受益更豐，最好做好以下準備：首先，需定下實地考察的地點和時間，即使鳥兒們直接停在您家門口。根據不同的時刻、季節、樓所，您就會發現不同的種類以及變化的習性。

出發前
的建議

——裝備

清晨，鳥兒甦醒後就嗚唱或覓食，這通常是比較容易觀察它們的時候，但是此時的氣溫很低。為了使您的戶外觀察更為舒適，特提供以下建議。

選擇合適的着裝

天氣變化無常，根據不同的氣候條件，可以帶上擋風、禦寒、防雨的衣物還有褲子。事實證明，高幫雨鞋或徒步鞋往往上必不可缺的，它們可以在泥濘的路面上行走，也能防止晨露滲入鞋內。如果您打算進入濕地、雨靴能幫助您穿越積水的小路或是潮濕的草地，雨靴蚊蟲更是必備品……根據您所到觀察地的季節和環境選擇合適的服飾。若要遠足，除非到了萬不小程，否則需要一雙高幫鞋以避免小腿被蝉蟲叮咬。

科學解釋

生命週期

鳥類的羽毛經過磨折、損耗，需要定期更換。這叫作換羽，與生殖相互交替。換羽標誌了鳥兒一年週期中的兩個重要階段，鳥類以下蛋繁殖，孵化出生離鳥，分為離巢雛（一出生就離巢獨立生活）和留巢雛（孵化後的留巢無法獨立生活）。

有些鳥類出生後幾個月就達到性成熟，有些則需若干年，例如海鷗及一些肉食島類需要5年才達到成熟。

每對鳥兒至少要繁殖出兩隻小鳥，如此一代一代下去便種類得以延續。為此，一隻信天翁在50年間必須每年產1枚蛋，山雀的壽命較短，它的幼鳥們存活很困難。一對山雀有時每窩需要孵8到14隻雛鳥，有時每年可以繁殖兩窩，長壽的鳥兒一般不會更換伴侶。直到生命結束，因為它們的生活節奏已經完全一致，壽命短的鳥兒會抓緊時間和沒有伴的同類結合，以便在生命結束前在最快、最好的條件下繁衍後代。在這兩種極端的繁殖方式之間，任何其它繁殖方式都有可能。

27

如何製作山雀巢

用螺絲把木板拼接起來，不要用釘子，因為螺絲面對氣候變化性能更穩定。用兩塊皮布固定頂蓋和籠身連接處、用兩隻吊環螺絲和一根鐵絲盒上頂蓋。藍山雀適應的入口直徑是28毫米，黑頭山雀需要32毫米，過或麻雀需要35毫米。如果您要將巢籠固定在樹上，請注意保護樹榦鰟皮，您可以用一些枯木以避免因為樹木成長過程中四樹榦的變粗而被螺絲的鐵絲割傷。

用封盒上頂蓋的吊環螺絲

交接製的玻璃

活動創見

● ● 木板厚度（15至20毫米）

22

6

辨認鳥類

歐亞鴝

拉丁學名：*Erithacus rubecula*

20-22 釐米

全年

花園、公園、樹林

所有地區

外形特徵	灰色環繞的深橙色面部和胸部，棕色背部。多在地面活動或在低矮樹枝上活動，在光微亮的時候，在樹枝上鳴唱。幼鳥呈鱗片狀，其羽毛與成鳥的羽毛有差別。
聲音	其啼唱是一連串尖鋭的音符，一種忽減速忽加速降調的清脆撞擊聲。其鳴叫是經典的一聲尖鋭而強烈的"tic"。
食性	以無脊椎動物為食，特別是鞘翅目昆蟲，螞蟻和它們的幼蟲，通常在地面枯枝落葉層捕食。在冬天也食取漿果和水果。經常在一點點高度的地方捕食，隨後一躍而下靠近獵物。
易混淆鳥類	按理説沒有易混淆的鳥類，這是唯一有著細細的鳥喙，深橙色面部和胸部的陸棲鳥。
季節特徵	斯堪納維亞知更鳥在地中海區域越冬，也在從普羅旺斯直到馬格利布地區越冬。
目	雀形目
科	鶲科
園丁的朋友	在冬天，知更鳥佔領了小小的領地並兢兢業業地捍衛它，不准其它品種的鳥類擅入。如果其在花園定居，它會常尾隨翻土的園丁，以捕獲露出來的幼蟲和蠕蟲。

162

辨認標準

更具體的説明以便加深認識

實用手冊

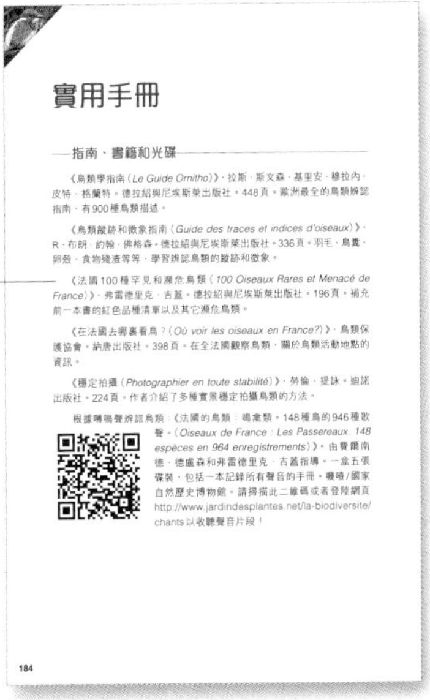

實用手冊

指南、書籍和光碟

《鳥類學指南(*Le Guide Ornitho*)》，拉斯．斯文森．基里安．穆拉內．皮特．格蘭特。德拉紹與尼埃斯萊出版社。448頁。歐洲最全的鳥類辨認指南，有900種鳥類描述。

《鳥類蹤跡和徵象指南(*Guide des traces et indices d'oiseaux*)》，R．布朗．約翰．佛格森。德拉紹與尼埃斯萊出版社。336頁。羽毛、鳥糞、卵殼、食物殘渣等等，學習辨認鳥類的蹤跡和徵象。

《法國100種罕見和瀕危鳥類(*100 Oiseaux Rares et Menacé de France*)》，弗雷德里克．吉蓋。德拉紹與尼埃斯萊出版社。196頁。補充前一本書的紅色品種清單以及其它瀕危鳥類。

《在法國去哪裏看鳥？(*Où voir les oiseaux en France?*)》，鳥類保護協會。納唐出版社。398頁。在全法國觀察鳥類，關於鳥類活動地點的資訊。

《穩定拍攝(*Photographier en toute stabilité*)》，勞倫．提詠。迪諾出版社。224頁。作者介紹了多種實景穩定拍攝鳥類的方法。

根據嚦鳴聲辨認鳥類：《法國的鳥類：鳴禽類。148種鳥的946種歌聲。(*Oiseaux de France : Les Passereaux. 148 espèces en 964 enregistrements*)》。由費爾南德．德盧森和弗雷德里克．吉蓋指導。一盒五張碟裝，包括一本記錄所有聲音的手冊。機嘯/國家自然歷史博物館。請掃描此二維碼或者登陸網頁 http://www.jardindesplantes.net/la-biodiversite/chants 以收聽聲音片段！

184

為愛好者提供一些協會和網站的地址

第一章 •
探索鳥類的世界

整裝待發

你即將踏上鳥類的探索之旅。為了使你在此行程中受益頗豐，最好做好以下準備：首先，需定下實地考察的地點和時間，即使鳥兒們直接停在你家門口。根據不同的時刻、季節、棲所，你將會發現不同的種類以及變化的習性。

裝備

清晨，鳥兒甦醒後開始囀鳴或覓食，這通常是比較容易觀察它們的時候。但是此時的氣溫很低。為了使你的戶外觀察更為舒適，特提供以下建議。

選擇合適的着裝

天氣變化無常，根據不同的氣象條件，可以帶上擋風、禦寒、防雨的衣物護具。事實證明，高筒雨鞋或徒步鞋往往上必不可缺的，它們可以在泥濘的路面上行走，也能防止晨露滲入鞋內。如果你打算進入濕地，雨鞋能幫助你穿越漫水的小路或是潮濕的草地，而驅蚊液更是必備品……根據你所到觀察地的季節和環境選擇合適的服飾。若要遠足，除非到了無草小徑，否則需要一雙高筒鞋以避免小腿被蜱蟲叮咬。

視覺設備

雙筒望遠鏡是觀察鳥類必不可少的器材,當你資歷更深時還可用上單筒觀鳥鏡。還有其它的小道具也能為你的觀察增資潤色。

哪種雙筒望遠鏡?

選擇雙筒望遠鏡時必須試用,因為每個人的視覺舒適度都不同,並且根據品質(和價格)不同,選擇面非常廣。最知名的品牌(也是價格最高)品質最有保障,但不排除找到價廉物美的望遠鏡(見本書末頁的專賣商名單,你一定能為你的雙目覓到舒適之選)。

雙筒望遠鏡的規格有兩個數位,例如8×32,或10×42,第一個數字代表放大率(8倍或10倍是最常見的放大率),第二個數位代表以毫米為單位測得靠近觀察物一邊的物鏡直徑,它直接影響畫面亮度。如果你打算經常在黎明或晨曦進行觀察,你可以選擇規格為10×52的望遠鏡,但是它比較重。

你若覺得手持望遠鏡較重,可以用一個支架。把望遠鏡固定在

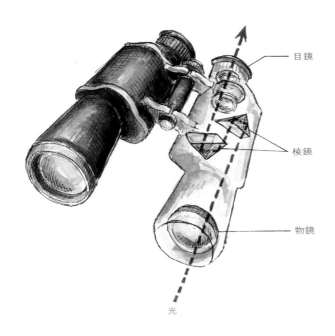

目鏡

棱鏡

物鏡

光

其支點上——再也無需因長時間觀察而導致胳膊酸痛了。

試用時，可參考重量、手感、(色彩)衍射以及在圖像邊緣看到的(外形)失真來判斷雙筒望遠鏡的品質，最後一點直接與棱鏡和透鏡的清晰度掛鈎。同時，還需調整兩枚目鏡的間距，使兩隻眼睛看到的圖像完全重疊。鏡身上的一片小滾輪能根據你的視力分別調節兩枚目鏡(0是正常視力，+1，+2……或者-1，-2是近視或者遠視)。轉動另一片滾輪便能夠對觀察對象鳥兒進行調焦。

哪種單筒觀鳥鏡？

除了單筒望遠鏡，大部分鳥類學家都會選用單筒望遠鏡，因為其放大倍率較高，在20倍到60倍之間。靠近觀察物一邊的物鏡直徑當然也更大，在60到80毫米之間，直徑越大，圖像更亮。這種單筒望遠鏡由兩部分組成：一個鏡身(管狀)和一枚目鏡，一般來説目鏡是可替換的，使用最廣泛的是20×"廣角"，20至60倍變焦。

由於較高的放大倍數以及過重的鏡身，需要使用三腳支架。最好的三腳架具有穩定、輕便、易裝的特點。特別注意的是，為了更好地轉動架子上的望遠鏡，需要選擇較好的球形雲台。而市面上其

選擇面非常廣！觀察遷徙的鳥兒時需要使用單筒觀鳥鏡，因為它們一般都在遠處的海面或高空飛翔。在荒野地區（例如沼澤、山地）需遠距離偵探時，單筒觀鳥鏡也會提供極大的便利。無論你是站着還是坐着觀察，你都要調節三腳架的高度，以避免長時間觀察中扭曲脖子的酸痛。

攝影與數碼望遠攝影

鳥類研究也離不開數碼相機的發展。一台小小的相機對鳥類觀察有着重大的幫助，運用一項被稱為數碼望遠拍攝的技術，即通過雙筒或單筒望遠鏡拍攝照片，記錄觀察結果。無需用上反光照相機或者長焦鏡頭：即使是一部高級手機的攝像頭亦能完成這項拍攝任務！你可以通過不斷練習以提高面對鳥兒時的拍攝效率。將數碼相機與目鏡連接時，根據不同型號，還可能用上一些小配件。

用單筒望遠鏡拍下的一隻黑頸鶇

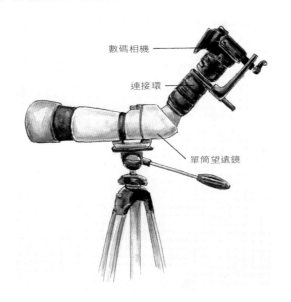

數碼相機

連接環

單筒望遠鏡

配件

除了視覺和數碼器材之外，其它如下文將提到的配件也是戶外觀察的常備物品。

必備品

要認識所有鳥類，你需要備有鳥類鑒別指南類書籍，如本書，另外還需準備一本筆記本、一枝筆（具備在雨天也能書寫作畫的功能）用來做觀察筆記。準備一次出行或者對觀察對象進行精確定位，你可以使用地形圖或者參考互聯網上的圖片或地圖。

若要在黃昏出行，你還需帶上頭戴照明燈，適量食物，如果出行時間延長，這對你很有用，如果你還帶了麵包，也能用它吸引鳥兒靠近！一個裝着熱飲的保溫瓶能補充你長時間待在大自然的所需體能。

附加品

你可以用地圖來辨認方向，但你也可以使用GPS來精確定位你的觀察地，為下一次觀察提供便利，例如重回一個水潭、一片林中空地、一棵樹或一隻鳥巢。

如果你在海邊觀察，你需要獲知潮汐的時刻，推算出水棲鳥分散在大海灣（落潮時）或聚集在高地（漲潮時）的時間段。如果你對夜行鳥感興趣，則需查看陰曆，以便在月色明亮的夜晚出行。

大部分鳥類會對它們的歌聲或鳴叫聲做出反應。因此，你可以帶上mp3和揚聲器，或者只帶上有放音功能的手機，裏面存放幾段鳥兒的囀鳴錄音。你可以在網上找到錄音，例如：

- http://www.chants-oiseaux.fr/
- http://www.universal-soundbank.com/oiseaux.htm
- http://www.deezer.com/fr/music/deroussen-fernand/70-chant-d-oiseaux-du-jardin-215463

準備觀察

去哪觀察？

　　幾乎到處都有鳥兒。即使是巴黎附近的拉德芳絲廣場中央也匯聚着一些例如遊隼這樣的特殊品種。不過，你可以去一些特殊棲所，以便觀察到某些在此地出現更多的種類。例如農業區域的鷓鴣、潮濕地帶的水棲類、森林裏的啄木鳥等。

平原和田野

　　草原和耕種的平原是觀鳥者的絕佳觀察地。這裏的鳥類匯聚密度較低，但是能看到在空中歌唱的雲雀，還能清楚地看見在遠處捕獵的鵟。你還可以去小樹林以及田地，你能盡情地在田野耕地裏探索鳥兒。記得沿着樹籬走，仔細觀察柵欄上的短椿，或者任何高點（樹頂、路標）。

森林和樹叢

到了森林裏，你時常駐足，聆聽，並試着在視線範圍內發現你聽到的鳥兒。它們經常躲在樹木高處。你需要花時間等待它們活動以便找到它們。漸漸地，你會學會將囀鳴聲與鳥兒的種類相對應起來。灌木叢中的觀察更困難、隱蔽。請耐心等待。

海洋和沼地

在水生環境裏觀察，建議帶上單筒望遠鏡，因為鳥兒常常都在遠處活動。大部分能觀察到的鳥兒都是水棲類，並且拒絕人類靠近。雄鴨、紅嘴鷗、濱鷸們往往都會跑很遠。請保持隱蔽，謹小慎微地觀察水面與河岸。在海邊，你若對海鳥在外海上的飛翔感興趣，例如鸕、鰹鳥等，你可以用長筒望遠鏡從高峰或者岬角觀察，你也可以乘船以便更靠近它們。

城市

在居民區，公園、花園裏通常很容易觀察到鳥類，因為這些地方的鳥兒們較不怕生。當然，它們的種類已有所減少，但是經常去市區的公園能有利於學習辨認最常見的鳥類品種。並且，如燕子、

雨燕、紅尾鴝等某些鳥類在人類建築上營巢，因此較易地在房屋附近觀察它們。在城市裏，切記早起觀察，否則易受噪音及交通運行的干擾。

山區

海拔越高則鳥類越疏散，然而在海拔高的地方常有珍禽異鳥出沒。因此，你可以帶上雙筒望遠鏡出門遠足。記得繞道往石子路、峭壁邊走走，因為很多高山鳥類都會棲息於此。山區的寂靜使鳥兒間的對話更清晰，更有利於對它們進行偵察。

鳥類保護區

觀察眾多品種的鳥類最有效的方法便是去專門的鳥類保護點。那裏一般有特設的觀察台，供你在觀賞的同時避免打擾它們。鳥類保護區往往是鳥類聚集地，這裏的鳥兒們免受外界打擾、獵殺（例如冬天的水鳥）、或不必在罕見的地方築巢（尤其是潮濕地帶）。你可以查詢關於野外行程、自然保護地帶（www.reserves-naturelle.org）以及你有意參觀的保護點裏鳥類觀察台的資料資訊。你會發現觀察種類眾多，為之驚歎。

什麼時候觀察？

　　根據季節不同，你所觀察到的鳥兒種類也不同。它們的行為舉止也隨着季節以及一天內時間的變化而變化。清晨，鳥兒一醒來，首要任務便是捍衛自己的領地和取食，隨後整理羽毛。它們餵養雛鳥的動作連貫而優雅，需要多個來回以滿足多張嗷嗷待哺的喙嘴。而孵蛋時就沒那麼從容了，因為雌雄一方會藏在窩巢某處。某些種類到了冬天就會群棲生活，這樣更有利於觀察，只需找到該區域所有個體所匯聚成的鳥群即可。

四季

　　冬天，來自北方的多種鳥兒在這兒度過這糟糕的季節，而某些這裏的常客卻飛走了。你將看不到燕子，但在鄉村能看到很多鴨子、大量雲雀，或者燕雀。你在這個季節還會看到來花園裏的食槽內覓食的外來訪客。春天，雄鳥捍衛它們的領土，繁衍的時節到了。夏天，出生不久的幼鳥離開巢穴，各自飛翔。它們往往不及成年鳥怕生，所以比較容易接近。但是，它們的羽毛常常不及父母的有光澤，因此更容易辨認。秋天，鳥類遷徙無疑是最值得觀察的事件，因為會有大量的鳥兒展翅飛翔（包括成年鳥和當年出生的幼鳥）。

晝夜

你一定會在白天外出去觀察鳥兒，但是你也可以夜晚外出，因為有些鳥兒屬於夜行種類。夜鶯的歌聲會通宵回蕩，除此之外，若干種肉食鳥類在夜間活動時也較容易觀察，尤其是明月當空的晴夜。倉鴞和貓頭鷹通常在夜幕降臨之刻囀鳴，同夜鷹極像。稍晚一點，你可以開着車在公路邊上找到一隻停在木椿或是路牌上伺機而伏的倉鴞或者長耳鴞。一些候鳥也會在夜晚行動，儘管大部分都會在高空飛翔，有一些仍會大聲鳴叫，被人聽到，例如在深秋、冬末飛過法國上空的灰鶴。

時刻

盡量在清晨或黃昏出門。鳥兒在這些時間段最為活躍，有的鳴歌並捍衛領土，有的四處偵查尋覓食物。一天中氣溫最高的時候也是它們最安靜的時候。如果你想研究展翅翱翔的鳥兒，特別是肉食類或者大型候鳥，則不必大清早出門：事實上，空氣要達到一定的溫度才能引起熱氣流上升以輔助翱翔。

如何觀察？

聆聽以便明察

無論你去到那裏，都要密切窺伺樹木或者天空的任何動靜。張大眼睛，豎起耳朵，因為很多鳥兒都是在囀鳴和啼叫時被發現的。不要抱有幻想，在你看到它之前它早已注意到你了；所以待着別動，直到它出來活動，這樣終能看到它。

勿錯過灌木叢

若要觀察那些鳴禽，可以在灌木叢間停留，甚至鑽入小灌木叢或者小樹叢以探查裏面的低矮林冠。"插"灌木，也就是在其週圍或者內部待上足夠長的時間，觀察所有在那裏活動或者藏匿的鳥兒。不少鶯、柳鶯、鶍藏在樹葉後面，在那裏覓食，你通過驅趕可以更好地看到它們。這種方法在鳴禽遷徙的時候，例如10月份，格外有效。

守候在遷徙活躍區域

觀察遷徙中的鳥兒另一種方法是守候在一些視野開闊並能集中看到遷徙的岬角區域，例如山坳、山腳狹道或者海濱的微凸地段。你在那裏能看到一些小鳥經過，如燕子、雨燕、燕雀等，還能看到大型候鳥，如鸛、鳶，以及其它肉食鳥類。它們到訪最多的地區已為人所知，你在一個專門追蹤法國候鳥遷徙的網站上能找到這些地址：www. migraction.net。其中最著名的便是秋天去奧爾甘彼得克斯嘉比利牛斯山口（以及毗鄰的林杜

大麻鳽伸長的前頸無懈可擊地模仿了蘆葦杆，給自己披上了完美的偽裝。

這個懸於狹道上的高點能使你清晰地觀察遷徙中的鳥兒。

克斯(Lindux)和利扎日塔(Lizarrietta))、艾斯克雷山坳(阿爾代什省)、瓦爾河口(濱海阿爾卑斯省)、或者春天到往格拉芙望角(紀龍德省)。

你可以去這些遷徙區域的高點觀察,但是要選擇合適的時間段,因為有些區域,鳥類只會在春天或者秋天經過一次。同時,你可以聯繫那些日以繼夜觀察鳥類遷徙的人們:他們會在工作地點接待你並向你解釋他們所從事的工作!

望海

在陸地觀察海鳥則需望海,也就是觀察大海。守在高度足夠高出海平面的地方,如岬角或堤壩,用長筒望遠鏡細心觀察水面,捕捉海鳥劃過水面的蹤跡。通常,你從右至左或從左至右"掃視"海面,以此反覆。需要對海風和海水的狀況有所考究,以便實現最理想的觀察。大風迫使鳥兒在海濱附近飛行,它和海水高潮較有利於觀察,因為這種情況下鳥兒會在海濱附近活動。

在法國著名的望海點中,你可以選擇位於菲尼斯特雷省的韋桑島克雷赫燈塔、阿摩爾濱海省的布裏尼奧岡燈塔、或者加萊海峽省的灰鼻岬。

誘鳥

為了進一步觀察,你可以吸引鳥兒靠近,甚至誘使它們在你的花園裏做窩,至少是臨時定居。為此,你需要在你的觀察佳點附近搭建一些食槽和孵籠。

從11月到3月,在食槽裏放置葵花籽、其它種子、肥肉末、豬油、花生等食物,能吸引不少山雀、麻雀、翠雀、燕雀,甚至金雀、錫嘴雀以及斑啄木鳥的到來,供你觀察。雀鷹也許會到訪,叼走一隻你門前的賓客。

你還可以安置一些孵籠,入口直徑要能吸引不同種類鳥兒入住,一般藍山雀適應的直徑是28毫米，黑頭山雀則需32毫米。你可以向自然保護協會諮詢製作或者購買孵籠，而非到園藝用品店購買。這也是樂趣橫生的一件事：傳統孵籠幾乎必為山雀所佔，你可以安置別的樣式供知更鳥、鷦鷯（前部半開）、鶺鴒、椋鳥、麻雀等鳥類棲息。

然而，除了提供食宿，還有其它方法來吸引鳥兒們靠近。你可以單

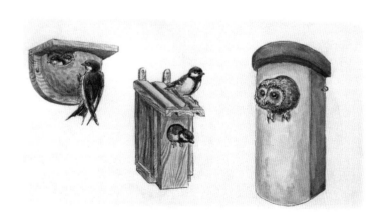

獨吸引一隻鳥兒的注意，在它的地盤播放或者模仿它的歌聲或是叫聲：我們稱這種方法為聲音偽裝。因此，在手機裏存放歐洲鳥類囀鳴啼叫聲是非常有用的，隨身攜帶，隨時核對鑒定聲音，並隨時播放誘使若干米內甚至更近距離範圍內的鳥兒現身。儘管如此，不要過度使用這個方法，因為打擾受惑鳥兒的行為是不應該的：你做你的觀察，然後把鳥兒放回它原來的環境，找回清靜。

　　驅使小鳥們走出灌木叢的另一種方法是模仿小雞的叫喊聲，拖長音，發出噓噓聲，像"噗噠——噗噠——噗噠"。資深鳥類學家常利用這種擬聲引誘柳鶯、鶯、戴菊鶯等其它鳴禽現身，這些鳴禽一般藏在灌木和樹叢縫隙裏。這種方法對觀察山雀也很有效：快去試試吧！

這隻野翁鳥被從手機裏傳出的自己的囀鳴聲所吸引

如何製作山雀籠

　　用螺絲把木板拼接起來，不要用釘子，因為螺絲面對氣候變化性能更穩定。用兩塊皮布固定頂蓋和籠身連接處，用兩顆吊環螺絲和一根鐵絲盒上頂蓋。藍山雀適應的入口直徑是28毫米，黑頭山雀需要32毫米，鴝或麻雀則需35毫米。如果你要將孵籠固定在樹上，請注意保護樹幹樹皮，你可以用一些枯木以避免因為樹木成長過程中因樹幹變粗而被環繞的鐵絲割傷。）

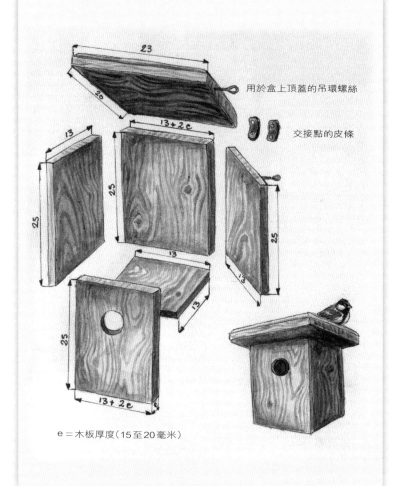

23

20

13

13 + 2e

25

25

25

25

13

13

13

25

13 + 2e

e

用於盒上頂蓋的吊環螺絲

交接點的皮條

e＝木板厚度（15至20毫米）

跟蹤鳥的行蹤

在踏上探索鳥兒的征程時，你可以跟蹤它們的行跡、觀察它們的剩食、偵探它們留在地面的腳印。你是否看到落在地上的雲杉毬果，上面的所有鱗片都從中間長長地裂開？那是因為交嘴雀經過此地。是否在石頭上或花園深處的石板上找到蝸牛殼碎片？那則是音樂家斑鶇用它當砧板來砸碎甲殼以取裏面的動物為食。

鳥類會在沙地、泥漿、淤泥上留下腳印，你可由此推斷哪種鳥在你之前經過這裏：掌上是否長蹼，腳爪長短，考驗推理的時刻到了。

松鴉

小嘴烏鴉

斑尾林鴿

烏鶇　　　鷚鴣　　　海鷗　　　骨頂雞

你也可以參考一些關於鳥類行跡的文獻，它們能幫助你探究得悉哪種鳥兒比你早一步經過這條探索之路。你還可以通過羽毛的形狀和顏色推斷鳥兒種類。翅膀和尾部的羽毛經常會換——我們稱之為"換毛"——所有的小鳥這兩個部位的毛平均一年換一次；身上的毛一年換兩次。換多少掉多少，飄落在征途中，為你提供有用的推斷依據。

——注意事項——

　　在你出門觀察鳥兒時，須謹記遵守以下準則，悠然自得地享受這段嫋嫋餘音的同時，請注意不要打擾你的觀察對象或將它們置身於危險之中。

尊重私人財產

　　避免進入私家花園，沿公共路徑行走。

切勿喧鬧

　　觀察時保持安靜。如果結伴出行，請互相約定暗號以便遠距離對接之需（例如：吹哨），避免喊叫。可能的話，例如你剛達到一個地方，在原地保持靜止不動若干分鐘以便鳥兒們恢復正常的活動。

保持距離

　　觀察時請保持距離，過近的距離會導致鳥兒逃走離開。雙筒望遠鏡能幫助你遠距離觀察鳥兒。

切記：請勿驅使鳥兒飛行

　　如果你過於靠近鴨群、涉禽群、鷗群，它們可能會為了逃離而展翅。也許你對它們所受的驚擾並不在意，但對它們來說這可能會導致嚴重的後果。在狩獵季節，你可能會嚴重打擾在保護地帶棲息

的鳥兒，它們可能會飛出保護地帶，並因此成為獵槍瞄準的對象。在嚴酷的氣候條件下，更換落腳點會消耗大量體力，對生存造成影響。

你若想觀察飛行中的鳥兒，通過飛行判斷它的種類，那請耐心等待它自行展翅，如果它久久沒有動靜，那就放棄吧！

切勿觸碰鳥巢

如果你發現鳥巢並且有成鳥在裏面孵蛋，請勿靠近：它本想隱蔽做窩，你若將它趕走，它很可能會認為自己的窩巢被捕食者發現，就再也不會回來了，而那些誤認為被掠奪的鳥蛋則被就此遺棄。如果鳥巢裏有蛋或雛鳥，請不要觸碰任何東西，也不要在近處逗留，因為你留下的氣味可能會招來真正的捕食者。

切勿拾起路邊的雛鳥

很多鳥類的雛鳥在離開鳥巢時還不會飛行。烏鶇、麻雀等眾多種類就屬此類情況。每年，有許多雛鳥被散步者拾起，後者自認為救了鳥兒，其實是將它們推向了深淵。這些雛鳥的父母會照顧它們，知道在哪兒找到它們，而人類的飼養只會對它們未來的野外生活造成負面影響。

警惕貓的威脅

人類的好朋友貓是充滿威脅的捕食者，它們常常在住宅區週圍密集聚集。貓是公園、花園、甚至鄉村裏鳥類死亡的罪魁禍首。為了限制或避免貓在鳥類常用活動區域內出入，請合理規劃你的小花園。

什麼是鳥？

　　熟知什麼是鳥，什麼是鳥類，以便在實地考察時取得更好的成果。世界上現存大約 10,000 種鳥，在歐洲能觀察到其中的 600 多種。

鳥類起源

　　鳥是一種溫血、被羽的脊椎動物。這種在過去很長時間內被認為是介於爬行動物到哺乳動物的中間狀態，事實上起源於與鱷類相近的獸腳亞目恐龍類。在這些兩足、肉食恐龍中，也包括霸王龍，唯獨鳥類祖先在白堊紀——第三紀滅絕事件中倖存下來。因此，鳥類不是飛行爬行動物翼龍的後代。進化過程中，羽毛的出現與飛行無關，因為眾多獸腳亞目恐龍雖然身披羽毛，但只能步行，無法飛行。進化過程中，這些恐龍前肢縮短，羽毛長長以蓋住長着三指的前掌。最早的鳥類化石大多是海鳥化石，因為它們的生存環境裏地質沉積作用較大，有利於保存以及隨後的化石化。

—— 生物知識

　　鳥是一種溫血脊椎動物，前肢演化為翅膀，翅膀上的長羽毛，即初級飛羽，生在前掌上。它們的雙足長滿鱗片，羽毛由長在羽軸上的羽枝、羽小枝組成，羽軸插入皮膚。鳥兒們精心梳理這些羽毛，它們的尾基背部有一種腺體，稱作尾脂腺，它會分泌一種脂肪性物質。為使羽毛光潤、防水，鳥兒將這種分泌物塗抹在羽片上，並在以喙理羽時吞入。

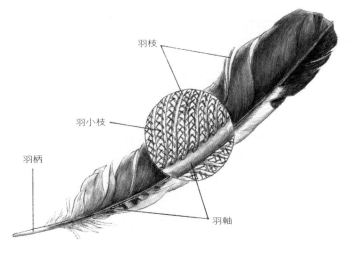

羽枝

羽小枝

羽柄

羽軸

生命週期

　　鳥類的羽毛經過磨削、損耗，需要定期更換。這叫作換羽。與生殖相互交替，換羽標誌了鳥兒一年週期中的各個重要階段。鳥類以下蛋繁殖，孵化出生雛鳥，分為離巢雛（一出生就離巢獨立生活）和留巢雛（孵化後仍留巢無法獨立生活）。

　　有些鳥類出生後幾個月就達到性成熟，有些則需若干年，例如海鷗及一些肉食鳥類需要5年才達到性成熟。

　　每對鳥兒至少需要繁衍兩隻小鳥，如此一代一代下去使種類得以延續。為此，一隻信天翁在50年間必須每兩年產1枚蛋。山雀的壽命較短，它的幼鳥們生存很困難，一對山雀有時每窩需要哺育8到14隻雛鳥，有時每年可以繁殖兩窩。長壽的鳥兒一般不會更換伴侶，直到生命結束，因為它們的生活節奏已經完全一致。壽命短的鳥兒會抓緊時間和沒有伴的同類結合，以便在生命結束前在最快、最好的條件下繁衍後代。在這兩種極端的繁衍方式間，任何其它繁衍方式都有可能。

炫耀求偶

與哺乳動物不同，鳥類是一種前肢不具握執力的脊椎動物。如果説雄性哺乳動物能夠強迫雌性進行交配，那麼這種方法在鳥類世界是行不通的。雄鳥求偶時必須展開強有力的追求吸引攻勢，使得雌鳥同意交尾。因此，我們在鳥類世界裏發現美麗的羽毛，漂亮的冠角，動聽的囀鳴，獨特的舞姿。最不可思議、最令人瞠目的便屬新幾內亞的天堂鳥。它們身披五彩斑斕的羽毛，求偶炫耀時豎起蓬鬆而分披的飾羽，全身懸倒以抖開如錦似緞的羽毛。一對雌雄信天翁在進入成年繁衍者的角色前需要花4年時間使炫耀舞步一致；在共生之年互相忠誠。有些雄鳥為了吸引雌鳥會獻上食物：雄鶚或白嘴端燕鷗會獻上魚，而雄鴞會在樹洞裏放很多小型哺乳動物以向雌鴞展示它們的捕獵技能。

營巢

大部分鳥兒都會築巢以存放鳥蛋。傳統鳥巢是以斷樹枝、枯枝和苔蘚圍成，根據鳥兒種類不同而構築大小不同的窩盆。植物纖維、細毛以及羽毛能使放蛋的鳥窩更為綿軟。在灌木叢或樹上營巢的鳥類會選擇樹杈或樹杈與樹幹連接的部分築巢。其它鳥類則在岩石洞、建築物內、樹洞或是孵籠裏築巢。某些鳥類在地上下蛋，像有些水棲鳥一樣直接下在地上，或是在隱蔽的鳥窩裏下蛋，例如草叢中。其它鳥類則構建獨有的鳥巢，比如燕子銜泥築巢，鷦鷯築側邊開口的球巢，啄木鳥則直接在樹幹上鑿洞，使山雀、鴞、或虎皮鸚鵡能隨後再次利用。

通常情況下，營巢工作由雄鳥和雌鳥共同完成，但根據不同種類，不排除任何其它情況。大部分小鳥不會使用舊鳥巢，不過，我們知道，山雀會掏空舊山洞後重新使用它。鸛和鷺等肉食鳥類會年復一年地加固舊巢並繼續使用。而你在樹籬或桁樑上看到的細枝圍

成的小鳥巢(只有烏鶇大小)只會在繁殖時使用一次。這些小鳥巢不再用來遮風擋雨,也不再接納新的鳥蛋。人們可以將它們除下,用來觀察分析。你可以從中發現它們的築成過程,並找到這些鳥兒攜帶的寄生蟲(例如蟎蟲)。

產卵和雛鳥

　　交配之後,雌鳥在鳥巢裏產卵。信天翁只產1枚卵,藍山雀每天1枚,最多能產15枚。為了確保所有鳥蛋同時破殼,孵卵要等最後1枚卵產下才開始,而肉食鳥類例外,它們在產下第1枚卵後就開始孵育。因此,雛鳥的年齡各有不同,最孱弱的會由於營養不良而最先夭折。蛋外表的顏色和大小因鳥兒品種不同而各具特點。白色、青綠色、褐色,一色或斑點;蛋的形狀呈橢圓形或者梨形,還可以防止滾動:同鳥兒一樣,各式鳥蛋琳琅滿目,種類繁多。小鳥下小蛋,大鳥下大蛋,數目較少。

藍山雀產在孵籠裏的15枚卵（p.135），驚人的數字！

綿軟窩巢底部的山雀雛鳥，它們剛破殼──緊閉雙眼，還沒有視覺。

一些黑頭山雀的雛鳥（p.136），馬上就能展翅離巢了。

　　大部分鳥類都是雌鳥孵卵，它們毛色較為暗淡，在每年的這一時期顯得更為低調隱蔽。歐洲大部分鳥類的孵卵期都是兩個星期左右，大鳥則長至一個月。隨後，雛鳥們在鳥巢裏成長(留巢雛鳥，例如鳴禽類、肉食類、鷺等)或者立即離開鳥巢(離巢雛鳥，例如水棲類、鷗類、雞形鳥類)。它們或是跟隨父母或是藏身於鳥巢週圍，自出生起它們便身披着一層絨羽，掩蓋它們的行蹤，這層絨羽在若干週內就會被它們的第一身羽毛取代。為了使鳥巢的位置不被捕食者發現，親鳥會將蛋殼丟棄在鳥巢遠處。

　　留巢雛鳥出生時眼睛無法睜開，但是當它們感到父母靠近時，會本能地伸長脖子並張開嘴，並發出喊叫聲。雛鳥的口腔或嘴緣常常呈黃色、橘色、紅色，親鳥會被這種顏色激起餵食的本能，把銜來的食物放入雛鳥嘴中。大部分鳴禽雛鳥的糞便呈糞囊狀，親鳥會將其銜至鳥巢遠處丟棄，旨在避免捕食者侵擾。但燕子不會如此，它們的鳥糞直接掉落在鳥巢邊上。雛燕們離巢並很快學習拍翅，然後飛翔。它們跟隨親鳥生活幾星期後就可以完全獨立。

杜鵑之巢

　　大杜鵑(p.92)是一種巢寄生鳥類。它們自己不築巢，雌鳥窺伺它的未來宿主，後者一結束產卵，便迅速將自己的卵產入其巢中。杜鵑卵不比其它的卵大，一般來説顏色也非常接近，這不禁讓我們認為每隻杜鵑雌鳥會根據鳥蛋顏色而專門研究窺察一種宿主鳥類。杜鵑卵比其它的卵早破殼，而剛出生的幼雛全身無毛，雙眼緊閉，一破殼就立即把身邊能碰到的東西推出鳥巢，尤其是巢中其它鳥蛋。因此，它就能獨自享用養父母銜來的食物，並且很快成長，體型遠遠超過養父母。

　　除了杜鵑，知更鳥、鶲鷯、鷚、鵖鴒、大葦鶯都是典型的巢寄生鳥。我們試圖將杜鵑卵放在蘆鵐的巢內，它會將這枚卵丟棄，因此，有理由認為它曾被當作宿主但成功挫敗了杜鵑的"計謀"。

一些本地區鳥類的年週期

以下鳥類包含留鳥和候鳥，大型鳥和小型鳥(其中山雀一年可能產兩次卵)：

月份	1	2	3	4	5	6	7	8	9	10	11	12
雕鴞		P			E							
白鸛				M	P		E			M		
黑雨燕					M	P	E	M				
藍山雀		P	E	P	E							

M：遷徙　　P：炫耀求偶、產卵、孵育　　E：哺育幼雛

換羽

鳥的羽毛沒有自我調節能力，受磨損後需要定期更換。所有鳥兒都要換羽，分別在一年的不同時段進行，一般來說會避開繁殖時節，因為這兩項活動各自都會消耗大量體能。

山雀在夏天完成繁殖後，更換全身羽毛，換上全新、更結實、能對抗冬日霧松的新羽。部分鳴禽類會在春季換羽，為炫耀提供靚麗的新裝。而像鷹這類大型鳥則幾年才更換一次雙翼的羽毛，一隻大鳥到3歲時還披着幼年的羽毛，儘管經歷風吹雨打後已極其磨損。

這隻成年黃腳鷗(p.113)身披7月舊毛：羽翼白尖被磨損，背上的毛則經歷了刮磨。

這隻年輕的家麻雀正在換羽。能清楚地看到它褐色的舊羽，剛換上的或是正在生長的新羽，它們近乎黑色，在尾部和雙翼尤為明顯。

候鳥通常在到達非洲的過冬地後進行換羽，但是這也不是絕對，仍存在例外。藍點頦會在8月離開法國前換羽，而大葦鶯則在10月抵達塞內加爾後換羽。換羽時，舊羽脫落，長出一層皮褶，上面長着"肉芽"，之後它們會生出新的羽毛，並在數日內漸漸豐滿。

它頭部代表雄性特徵的黑色圍涎正在逐漸顯現。

小鳥的新陳代謝較快，它們的羽毛在白天，在進食時生長，而到了夜間生長速度極慢。故此人們常常會觀察其生長羽條，從更淺或更深的顏色判斷白晝與黑夜交替中新生羽毛的生長情況。

這隻雌烏鶇(p.133)的尾羽羽毛生長非常直觀。可從中得知尾羽生長持續了兩週左右(除了深色的羽毛尖端，至少有12根顏色較暗卻非常明顯的羽條)。

遷徙

為什麼遷徙？

　　有些鳥兒屬於候鳥類：它們會季節性地遷移，由於當地食物短缺而不能在築巢處越冬。幾乎所有食蟲鳥都屬此類，它們去非洲越冬，因為它們能在那裏覓得供度過整個北方冬季所需的昆蟲。大型候鳥會跨洲遷徙，歐洲鳥類會飛往非洲撒哈拉沙漠南部地區，其它候鳥則在大洲範圍內遷移。領岩鷚會飛下山頂去積雪較少的山谷越冬。瑞典知更鳥則來到普羅旺斯地區，而普羅旺斯當地的知更鳥是留鳥，它們留守原地過冬。杜鵑、雨燕和燕子只有在春至夏末才在歐洲大陸出現。越往北營巢的候鳥，越要跨越大洲南下越冬：瑞典家燕飛往南非越冬，而法國家燕則遷至西非越冬。為了更好地飛行和翱翔，候鳥的翅膀較長；因此，瑞典家燕的雙翼比它們的法國同胞更長。

　　候鳥如果不遷徙，則無法整年在其繁殖地生存。臨時遷移，也稱作遷徙，是存在的，但是其時間和空間規模較小。例如，當波羅的海上冷空氣襲來，大量鴨群南下遷移至歐洲南部，那裏的湖水和池水沒有結冰，鴨子們能在此覓食、棲息。

奇怪的遷徙鳥

　　最不可思議的候鳥當屬黑雨燕(p.131)，它們在5月初來到這裏，直到8月，幼雛離巢後才飛走：一年中，它們在歐洲待4個月，剩下的時間都在非洲某處的天空飛翔。

　　大杜鵑(p.92)的習性也非常特殊，它們早在6月末就離開繁殖地。它們有着可怕的竅門：它們不孵育自己的幼雛，因為它們將卵直接產在其它鳥類的窩巢裏寄生！

如何遷徙？

遷徙時，鳥兒會施展不同的方法策略。在此介紹一些特殊例子。大型猛禽或鸛鳥借着風吹或上升氣流滑翔，越過山林最低點，穿過海峽進入最窄的隘口。這種遷徙方式在日間進行，需等空氣通過日照上升至一定的溫度以供這些滑翔家在空中翱翔。鷹能夠以此方式在空中飛行一個多星期而無需進食，從利穆贊森林飛至撒哈拉沙漠。

燕子在日間遷徙；它們在距離地面較近處飛行，沿途吞食所見昆蟲。夜間，它們停下休眠，一般大量結伴而行，有時會組成若干個舍居而棲，聚集着成百上千隻個體，在例如普羅旺斯地區萊博山谷等地歇腳。

柳鶯（p.158）於夜間遷徙，在海拔高處展翅，經常在離地面幾百甚至上千米的高空飛行。它們會整夜飛行，繼而在這片歇腳地着陸，待上數日，進食，從而重新儲存能量沉積脂肪（即使是體重不足10克的小鳥也要存至數克的脂肪），隨後在5至7日後再次啟航開始400到600公里距離的夜行，具體距離隨風向和風力而定。若逢雨天或烏雲密佈的陰天，柳鶯會停下等待天色好轉再出發。

跟柳鶯一樣，燕子也是間斷地遷移，最後進入撒哈拉，在這裏它們會進行最後一次飛行，到達最終目的地，即薩赫勒地帶。

鳥類在生態系統中的作用

所有動物、所有植物在生態系統中都有着各自的重要性，發揮着由它們自身功能所決定的作用。鳥類也不例外，當越來越多地談及大自然為人類所做的貢獻時，鳥類在生態系統中的作用也非常值得研究。

作用和服務

每個物種在自然群落和生態系統裏各司其職，確保了它們的正常運作。為了更明確物種多樣性的作用，科學家提出了生態系統服務的概念：即物種、群落、生態系統提供給人類的福利。這些服務被分成三類：生產服務(農業和畜牧業的種植和飼養等)、調節服務(碳素固定等)以及文化服務(拉·封丹的寓言就是個很好的例子)。

一隻鶯在花園裏啄食漿果，隨後將其種子撒在自己的糞便裏。

散播種子

鳥類叼食漿果、果子，卻將種子丟在它們的糞便中，從而四處散播。斑鶇、松鴉、山雀、鶯都以此方式散播種子。有些鳥兒儲藏一些帶殼的種子和果子以備過冬，而後卻拋之腦後。松鴉就是以此方式為橡樹播種。

授粉

　　美洲蜂鳥、非洲花蜜鳥以花蜜為食，它們將長喙伸入花朵的管狀花冠直至蜜腺部位。就這樣，它們將花粉運送到不同的花朵中。在熱帶地區，某些花完全依靠鳥媒授粉。

這隻瓜特羅普島的綠喉蜂鳥從花冠深處採集花蜜。

生態管理

　　食蟲鳴禽類鳥食取大量蚊子和蚜蟲。肉食鳥類每年捕食數以萬計的田鼠，從而調整降低了後者的數量。埃及聖鸚這種極富異域特徵的鳥兒被引入盧瓦爾河口地區，不巧的是，它們要食取大量北歐螯蝦，後者起源於美洲，被引入後造成了當地一種珍惜淡水螯蝦大量死亡。

喙銜田鼠的倉鴞。

分解屍體

　　這看似是一種附屬功能，但它在所在地區起了非常重要的作用，為生態財政支出節省可觀的費用。經歷震盪一度消失的禿鷲（猛禽）被重新引入塞文山區，隨後是阿爾卑斯山區，它們在此以牲畜的屍體骨骼為食。通常，這些動物遺骸需由一位專門負責肢解牲畜屍體的人拖走並焚燒，然而禿鷲的出現為這些骨骼殘骸的清理大大降低了經濟成本。相對地，這些牲畜屍體也為當地禿鷲提供了有利的生存條件。

塞文山上的這些禿鷲正在猛烈地爭奪獵物。

大自然的工程師

　　鳥類在樹洞、樹幹、樹枝、山坡、河岸上鑿洞築巢，它們離開留下的住所能為其它動物所用：授粉膜翅目昆蟲、食植類昆蟲、蝙蝠等。

美洲的北撲翅鴷在樹幹上鑿洞，並每日到訪從裏面掏取昆蟲進食。

科學手段追蹤鳥類

鳥類經常是保護大自然計劃的核心，並且是眾多科學探索的研究對象。人們總是對它們的行為活動有着濃厚的興趣。研究人員採用了各種技術來追蹤鳥兒，而這些技術也隨着時間的推移，日漸現代化、小型化。

為了欣賞信天翁在海上起舞，鳥學家們開始將個別幾隻信天翁胸口用苦味酸染成黃色，好讓船員們標出這些着了色的信天翁的精確位置。在20世紀80年代，最早的Argos（衛星定位系統）浮標就被用於測試定位漂泊信天翁。所得結果令人稱奇：一隻雄性信天翁離巢飛行10,000公里來到南冰洋，而後再飛回接替雌鳥孵卵。

信天翁與 GPS 全球定位系統

如今，一些信天翁都是裝備完全後出海：背上裝一隻能將其定位的GSP定位儀，腳上繫着一個探測器以記錄它們下水後採集到的海洋資料，胃裏也放了一個探測器，用來測試胃裏的溫度。

一對漂泊的信天翁帶着它們的幼鳥，在印度洋上的法屬凱爾蓋朗群島。

事實上，當鳥類進食時，胃裏的溫度會驟減，而之後消化時體溫緩慢回升，其數值與所食之物的品質成正比。鳥兒回到陸地後，鳥類學家們卸下所有儀器，一般都能通過所得的資料重擬鳥兒的形成線路，包括歇腳和進食情況。完整地搜集這些資訊，對完善鳥類保護系統以及維護鳥類生存環境有着至關重要的作用。

捕捉受保護鳥類

在法國，大部分鳥類都是受保護的。若要捕獲用作科學研究，則觸犯了自然保護法律，需申請由國家生態部發放的捕捉許可。若需在鳥類腳上套環標以作研究，生態部已授予鳥類群體研究中心（位於巴黎的國家自然歷史博物館）發放許可的權力，該中心還提供套環培訓、腳環以及相關資料研究。

腳環

在鳥類腳上套上一個小的金屬環是用來標記和追蹤鳥兒時一種廣泛使用的方法。每個腳環上都有字母和數位組成的編號，使我們能夠清楚辨認每一隻鳥兒。當鳥兒被重新找到時，這個編號有助於我們復原它的經歷。

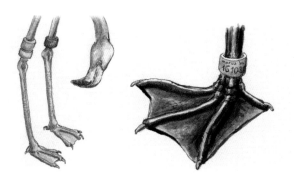

發現套腳環的鳥兒後該怎麼做？

如果你發現套腳環的鳥兒，請仔細閱讀金屬片上刻着的字元，並將所有資訊（發現地、環境、代碼）送往博物館內鳥類群體研究中心（crbpo@mnhn.fr）。

這隻雪鵐正被套上巴黎國家自然歷史博物館的鋁制刻字環標。

這種腳環有時還伴有彩色環標，上面的編號使人們無需捕捉它們，在遠處便可辨認鳥兒。如果腳上的環標不夠顯眼，則可在雙翼（翼號）、脖頸（天鵝、鵝、骨頂雞的項環）甚至喙處（部分鴨類使用鼻標）進行彩色標記。彩色環標也可以是若干個顏色統一的環標組成（例如鳴禽類所用的環標），或者是一個較寬的、刻着編號的塑膠環標。

這隻小海鷗腳上套着藍色環標，上面刻着黑色字。

衛星追蹤

一開始，腳環也被用來確定鳥類遷徙路線。給幾隻歐洲的燕子套上腳環，隨後冬天在非洲某個國家找到它們，那麼就能確定它們的途徑線路和過冬之處。Argos 和 GPS（通過衛星或短信輸送資料）定位系統的微型化使它們能被用於鳥類研究，獲得鳥類的位移資訊，漸漸地，沿着它們的遷徙路徑，探知它們的繁衍之地。唯一的限制：電池的續航時間有限，即使能通過迷你太陽能板充電，還是難以達到該任務所需電量。自 2010 年起，現存最小的 Argos 定位系統僅重 5 克，它們能被用於體重僅為 100 克的鳥兒身上！2011 年春天，英國工作人員就如此在 5 隻杜鵑鳥身上裝了定位器。目前，GPS 定位系統還比較重。小鳥們，尤其是鳴禽類，還是無法用此方法追蹤。

光度記錄儀

如同研究大鳥，人們通過另一種追蹤系統在事後重建鳥兒的遷徙路線。這種系統即光度記錄儀。它極度輕巧（最小的儀器重量不到 1 克），能固定在硬毛、腳環上，或者通過背帶系在背上。該儀器連續地將光亮度記錄在內置儲存期裏。通過白晝的長度能測出鳥兒所在的緯度，通過日升日落的時間得知相對應的經度。日復一日，由此獲知鳥兒飛行線路，測量精確度在數 10 公里左右。然而此方法也有限制：由於記錄儀無法遠端輸送資料，必須將其取回才能研究，也就是說，必須重新捕獲被追蹤的鳥兒。此類裝備非常適用於追蹤不能裝 Argos 或 GPS 定位系統的小型鳥兒，而它們是生存困難最大的鳥類，若要在下一個繁殖季節回收 10 個記錄儀，則必須在這個季節安裝 20 個。為提高來年回歸到原地的可能性，被選中的鳥兒一般都是成鳥，因為成鳥更忠於其地盤，而其它年輕鳥兒只忠於其出生地。

——如何辨認鳥兒？——

現在，已經知道何時、何地、如何探索鳥類。為了更有效地觀察以及更好地理解鳥類的肢體行為，我們已經掌握了一些關於鳥類的入門級生物知識。眼下需要學習如何輕鬆鑒定鳥兒的品種。

約有300種鳥類棲息在法國，在這裏，通常能觀察到450種鳥類。某些種類較為罕見，其它的都為常見種類。在本書後半部分附有130種最常見鳥類的介紹。然而，在辨認時，我們該關注什麼呢？通過以下幾條綜合性建議以及判斷關鍵(p.58)，你在觀察時可將注意力集中在主要成分上。有時候，辨別鳥類的性別或(和)年齡對鑒定其種類也至關重要。

種類區分要點

身材和體型："JIZZ"

鳥兒的總體特徵，包括其身體結構和體型輪廓，簡稱為JIZZ。經過試驗後，你通過觀察JIZZ便可辨出鳥兒種類。

- 首先，參照對已有鳥類的認識，嘗試關注鳥類的身材。例如，烏鶇的身材較大於麻雀，卻較小於鴿子。

- 然後，將注意力集中在它的身體結構和體型上：雙腳、喙、尾巴與身體相比的相對長度；脖頸長度。當鳥兒停落時，其雙翼是否超過尾羽末端？其喙嘴的長度是否超過腦袋的長度？

- 面對大鳥，則記錄它們飛行時的輪廓、脖頸的姿勢(伸直、折攏)、雙翼的形狀(翅端偏圓或有棱角)以及拍打頻率(慢、快、滑翔)。

- 同時，還須注意鳥尾的形狀，呈棱角、偏圓、弧形、明顯分叉、甚至如家燕般末梢向兩邊延長。

- 另外，還須注意喙嘴的形狀，其可能是鑒定品種的要點。

羽毛、顏色以及無毛部分

隨後，通過逐步進行並詳細展開每一部分，觀察鳥類全身的顏色分佈：翼、尾、頭、背、腹，以及喙、眼、爪、趾等無毛部分。

鳥的翅膀上長着飛羽（堅韌強大的羽毛，是促成飛行的關鍵）和覆羽（覆蓋在翅膀表皮上的短毛）。覆羽的毛尖可呈白色，呈一道清晰的亮斑，既為鳥的橫斑。

尾巴上的羽毛被稱為尾羽。最靠外的毛色與其它部位的顏色不同，尤其當鳥兒飛行時會呈現明顯的白色。

關於頭部特徵則可參照眉紋，其有時由眼睛附近的一道紋突顯，顏色與雙頰、前額、喉、項頸以及頭頂相似。

身體下側部位分別為胸、腹、脅以及長着尾下覆羽的尾下部位。臀部被覆蓋着羽毛，與腿根相連。

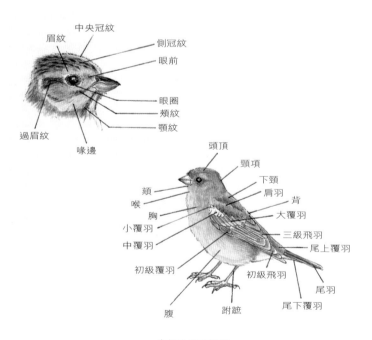

鳥類身體結構圖

身體上側部分分別為項頸延伸部分，即下頸、背、尾部以及若干排尾上覆羽，最後是尾羽。

鳥喙可能有多種不同顏色，眼睛週圍一般有一圈細皮或一圈彩羽，腳上可能帶蹼，長着或長或短的爪子，它們可能極細，也可能呈指狀等。你需要記錄所有這些細節的資訊。

行為

觀察鳥兒的行為細節也至關重要。鳥兒是棲息在樹枝上，還是停落在地面，或是慣於飛行？它是不斷地在樹枝間跳來跳去？還是在地面上行走或者蹦蹦跳跳？它在飛行時雙翼是不斷振動的還是間斷性地拍打，亦或是進行一次弧形的滑翔？搜集鳥類挺立、移動、進食或啼鳴等行為的方式資訊有助於你更快地鑒別其種類。

發聲

你若聽到鳥發出的聲音，可以試着記下其叫聲或者歌聲，同你所熟悉的聲音、音樂相比來記憶。你也可以通過分析節奏、聲調，將其記錄：

- 尖銳或低沉、悦耳笛聲、嚇嚇細鳴、嘘嘘作響，一聲鳴響裏只有一個音符即單音還是雙音。
- 鳴歌中是否有若干個音，一句樂句裏是否分若干節？
- 是一味反覆幾個不同的音符，還是重複幾個較複雜的樂句？

按此練習，你很快就能輕鬆辨認雄性大杜鵑（p.92）的歌聲，嘰咋柳鶯（p.159）的悦耳"tchif-tchaf"聲，麻雀的啾啾聲。複雜的歌聲需要投入更多的時間研究。學習辨別鳥類聲音時，你需要進行錄音以便於之後反覆聆聽。然而最好的學習方法還是去現場聆聽已知品種的鳥兒發出的聲音：這能同時激起你的視覺和聽覺感官，使你更好地記憶鳥類的歌聲和叫聲。

飛翔與行走特徵

雙翼

　　鳥類翅膀的形狀與其行動方式密切相關。長途飛行的鳥類,其雙翼較尖(鶯、柳鶯、燕等);短途飛行甚至罕有飛行的鳥類,其雙翼較短且偏圓(鷓鴣、鵪鶉等)。隼在捕獵時需要疾速猛戳獵物,因此它的翅膀較長較尖;而雀鷹要在灌木叢或密林裏精確穿行,它的翅膀則偏圓,並且較長的尾部有利於它控制方向。

北極燕鷗的翅膀,較長較尖。這隻燕鷗離開它築巢的北極,來到南半球的海洋過冬,如此每年要飛行幾萬公里。它的雙翼較為適合長途振翅飛行。

雷鳥(p.128)同其它雞形鳥類一樣,極少飛行,或是只有短途飛行:它只需能躲過捕食者的追擊,逃到岩石或山脊處藏身即可。它的翅膀非常寬、圓。這種翅膀在留鳥中較為常見。

尾

　　不同品種的鳥類其尾巴形狀也不同。大部分鳥類的尾巴都是筆直的或略偏圓,也有一些鳥類的尾巴呈層疊狀、楔形、凹弧形,還有些尾巴上面插滿了裝飾性的羽毛。尾巴在鳥類飛翔時起着掌舵作用,當它們棲於高處時起着平衡作用。

形狀筆直的尾巴上的尾毛長度幾乎相同。

形狀筆直的尾巴展開時呈圓弧狀。如果外側的尾毛長於中間的尾毛,其展開時呈方形,外延幾乎呈直線。

凹弧形尾巴外側的羽毛比中間的羽毛長，兩邊的尾毛可長至雙叉，就像某些燕子的尾巴一樣。

層疊或者楔形的尾巴從中間到兩邊的尾毛逐漸變短。當尾巴收起時像把利劍，例如北方塘鵝(p.104)。

腳、趾、爪

　　從腳、趾、爪的形狀能準確推斷出鳥類下肢的使用。涉禽類鳥無論大小都長着長長的腳，因為它們需要在深水處行走，此外它們的腳趾也很長，這使其能更好地依附在淤泥和水生植物上。趾間長着小塊的蹼，能使鳥兒避免深陷淤泥中，而長滿蹼的腳則有利於游泳。林棲類鳥的趾和爪偏短，這樣就能圈住細枝，而走禽類鳥的腳趾較長，有時候後方長着長腳爪，使它們能在地面上站穩，例如田雲雀(p.69)。同家養雞一樣，鷸鴴的後腳趾已萎縮成銷釘狀。

　　腳和爪的顏色是區別相鄰品種鳥類的關鍵因素之一。銀鷗(p.111)的腳呈淺粉色，而黃腳鷗(p.113)則呈黃色。紅隼的腳趾呈黑色，而位於地中海稀有的黃爪隼則是白色。鷗柳鶯和嘰咋柳鶯非常相似，但是前者的腳呈棕橘色，而後者的腳則更偏黑色。

成年黃腳鷗長着蹼的雙腳。

一隻棲於樹枝上的烏鶇的利爪。

什麼鳥喙吃什麼食物

細薄的喙嘴

長而彎曲的喙嘴

鉤形喙嘴

錐形喙嘴

　　為適應不同的飲食習慣，鳥類的喙嘴形態各異。仔細觀察鳥喙的形狀及其結構有助於進一步瞭解其飲食習慣。請看以下實例。

　　斑鶲(p.110)以其飛行時捕獲的昆蟲為食：它的喙嘴細薄，底部偏寬，遍佈纖羽，該毛較硬，像鬍子一樣將獵物置於嘴中央。其它食蟲鳴禽(如鶯、柳鶯、鷦鷯、鶲等)也有一個如此細薄的喙嘴，如果在飛行時直接吞食昆蟲，它們嘴的下部則更寬(如燕子)。

　　短趾旋木雀(p.118)用其弧形長嘴從樹皮裏或樹皮下食取昆蟲和蜘蛛。眾多水棲鳥(如杓鷸、濱鷸等)都有類似的喙嘴，使其能在泥沙中覓得蠕蟲。

　　紅背伯勞捕獲大型昆蟲、蚱蜢、步行蟲以及一些小型脊椎動物，並用自己的大粗鉤形喙將其撕碎。畫出的猛禽的喙嘴形狀非常相似，並且都有蠟膜連接喙嘴與前頭部。

　　藍山雀(p.135)在夏季要食取大量毛蟲，冬季以種子為食：因此其喙既不長也不厚。為了能食取樹皮上的無脊椎動物並磕碎種子外皮，該鳥的喙較尖。所有山雀都屬這類喙嘴。

黃鵐(p.79)全年都以種子為食,而其粗厚的喙嘴就是用來敲碎種子的。在夏季,它也會食取昆蟲和毛蟲。你會發現,它的上喙比下喙薄。

粗厚的喙嘴

錫嘴雀(p.121)以其強有力的喙嘴食取大型種子,包括帶殼種子。其喙是食穀類鳥裏最粗厚的。這類鳥兒上下喙的尺寸與其啄食種子時的力度成正比。

特粗的喙嘴

草鷺(p.124)的長脖子一端連着比首般尖長的喙嘴,使其在伏獵時能夠擊中青蛙和魚類。鷺類、鸕鷀、北方塘鵝(p.104)、普通翠鳥(p.132)等都有類似的喙嘴以備捕魚之用。啄木鳥也長着長喙,但是更厚,並且其喙用來鑿木而非捕魚。

比首形長喙嘴

海鷗的喙嘴較長,且厚而有力,用其捕魚、敲碎貝殼、爭奪魚肉、甚至襲擊其它鳥類。喙的顏色隨着年齡增長而改變,大多數海鷗的喙嘴幼年時呈黑色,成年後逐漸變黃,喙尖呈白色,且下喙處有紅斑。

其它鳥類喙嘴各有特色:琵鷺、紅鸛以及鴨子的喙裏有較薄

粗壯的喙嘴

的間層，用來過濾水生微生物(如甲殼類、藻類、穀類等)。水棲類鳥的上喙尖端極為柔軟靈活，一感知泥沙中的蠕蟲存在，沙錐只需張開喙嘴尖端即可將其捕捉並銜出地面。

鑒別性別與年齡

有些鳥類有雌雄二態現象，鑒別其性別則有助於鑒定其品種；有些鳥類在性成熟前的毛色會隨年齡變化，鑒別其年齡則有助於鑒定其品種。通過以下簡單或複雜的例子為你提供鳥類觀賞時的若干建議。

鑒別鳥類的性別

很多鳥類都有雌雄二態現象，因此可以區分其雄鳥和雌鳥。如果二態現象體現在毛色上，那麼鑒別就極為容易了，如黑頂林鶯的頭頂顏色(雄鳥為黑色，雌鳥為栗色)，灰雀腹部的顏色(雄鳥為牡丹紅，雌鳥為灰粉色)。雄鳥的毛色一般比雌鳥鮮濃，原因如下：雄鳥通過施展炫耀羽毛求偶；雌鳥身負孵育重擔，因此需要被更好地掩護。

其它鳥類雌雄鳥的毛色一致，但是體型大小有別。家燕(p.126)雌雄鳥的身體大小一致，但是雄鳥尾部雙叉較雌鳥更大。大紅鸛(p.103)的雄鳥身材明顯大於雌鳥，這使它們在交配時前者能輕鬆跳在雌鳥背上而不被崴腳。海鷗雄鳥體型略大於雌鳥。通常，體型大小有助於區別同一對鳥的雌雄，而對鑒別孤鳥或群鳥中某一員的性

一對雌雄大紅鸛(p.103)，雄鳥身材明顯大於雌鳥。

別則無效，因為也存在體型小的雄鳥和體型大的雌鳥！大型隼和雀鷹的雄鳥體型較雌鳥更小，這些鳥類中一般都是雌鳥抵禦捕食者侵襲而守衛領地和窩巢。

烏鶇(p.133)的雄鳥全身黑色，長着黃色的喙嘴。

雌鳥全身褐色，長着黃色接近褐色的喙嘴。

紫翅椋鳥(p.97)的雄鳥長着黃色藍底的喙嘴，且羽毛上佈滿了彩色斑點。

雌鳥的毛色則較暗淡，喙嘴嘴尖顏色較暗，有時極暗。

黑頭山雀(p.136)的腹部有條黑線，雄鳥的黑線較雌鳥更粗。

黑頭山雀雄鳥。

黑頭山雀雌鳥。

辨認鳥類性別竅門

你若有幸觀察到鳥類交配，你就能立刻辨別出它們的性別。當然你也能通過其它行為來判斷鳥類性別。鳴禽類中，如鴿子、貓頭鷹、杜鵑、雞冠鳥等，啼鳴捍衛領地的是雄鳥而非雌鳥。而其它種類中，雄鳥求偶時會向雌鳥獻上美食。一隻成年燕鷗向另一隻成年燕鷗獻上捕獲的魚，那前者必是炫耀中的雄鳥。

鑒別鳥類的年齡

鳥類羽毛要定期更換，因此年長鳥類的羽毛並不會比年輕鳥類的磨損程度重。然而，羽毛的花紋和顏色以及無毛部分(虹膜、喙、腳)的顏色會隨著年齡增長而改變。如黑頂林鶯(p.101)和赭紅尾鴝(p.163)等鳥類幼羽的毛色與雌鳥毛色相似，或者如知更鳥和海鷗等鳥類幼羽的毛色與成年後的毛色大不相同。如山雀等鳥類幼羽的毛色與成年後的毛色相似，但色澤更為暗淡。大部分小型鳥類身體的幼羽會在秋季前換羽，因此，到了冬季，那些不足週歲的幼鳥外形跟同性成鳥非常相像。而其雙翼(飛羽)和尾部(尾羽)會一直保留到第二年，因此，若仔細觀察細節，尤其是套環標前將其捕獲進行觀察，可從這些部位的羽毛判斷鳥兒的年齡。

辨認鳥類年齡竅門

繁殖一結束，因為剛長成，幼鳥的羽毛通體全新，而成鳥的毛色略舊，由於在孵育幼鳥期間消耗了大量體能，它們的羽毛連續數月未換，因而磨損程度非常嚴重。幼鳥們在展翅離巢時不會立刻換羽，至少飛羽和尾羽不會更換；因此，若是在夏季更換飛羽和尾羽的鳥兒必定不是在同年出生的。

剛離巢的藍山雀(p.135)幼鳥的羽毛與成鳥羽毛相似，但是毛色更為暗淡：幼鳥的身體藍色部分較偏灰，色澤較暗淡，雙頰發黃。

剛離巢的藍山雀(p.135)幼鳥

藍山雀(p.135)成鳥

斑鶲(p.110)幼鳥與成鳥的羽毛不同，前者的雙翼和背部羽毛上都有淺色的條紋。身體很快就進行換羽，展翅若干週後身體羽毛與成鳥相似，但是仍保留着雙翼原來的羽毛，帶着淺色條紋，而成鳥的羽毛沒有明顯條紋。

斑鶲幼鳥與成鳥

而有時候年齡差別的體現是非常微妙的。這兩隻鳴歌的林岩鷚(p.66)：這是兩隻雄鳥。左邊這隻林岩鷚臉頰為明顯褐色，喙嘴下方淺色較淺，虹膜顏色為深褐色：這是未滿一週歲的幼年雄鳥。右邊這隻的頭部灰白，喙嘴呈黑色，虹膜為紅褐色，這是成鳥的典型特徵。

兩隻鳴歌的林岩鷚

　　最後，當鳥羽需要若干年才長成熟並且個體間差異明顯(有時甚至比各年齡段間的差異更明顯，尤其是3-4歲以後)時，則會有更加複雜的情況。以下是黃腳鷗(p.113)在1歲、2歲、3歲以及成年後的羽毛變化。

- 幼年黃腳鷗(圖1和圖5)全身羽毛呈鱗片紋，深色羽毛與乳白色條紋相間。

- 到了第二年(圖2)，背上羽毛呈灰色，喙嘴下端逐漸變黃，虹膜顏色變淺。

- 到了第三年(圖3)，大部分雙翼被灰色羽毛覆蓋，但仍有細微處呈褐色和黑色。雙腳由粉變淡黃，但不及圖4中成鳥的雙腳顏色鮮豔。

5

歐洲主要鳥類分科

鳥的分類科別眾多。在歐洲觀察鳥兒時，最好從瞭解其各目（綱以下，科以上的等級，一目包括若干科）下的種類結構着手。本書下半部分為各種鳥類介紹，註明了鳥類所屬的目和科，以便讀者在學習和觀察中根據下文的表格將所有鳥類對號入座。

歐洲的鳥類共分為22個目，其中一個目下面的鳥類僅為外來引進品種：鸚形目（虎皮鸚鵡和情侶鸚鵡）。同其它生物分類一樣，種系分類處於一個不斷變化和調整的過程中，但是鳥兒品種分類已眾所週知，因而其調整較其它物群而言較小。近代最著名的改動之一便是：科學家發現雞雁小綱（鷸鴇、鴨等）是鳥類祖先（即獸腳亞目恐龍）最直系的後代，應該放在生物種系首要位置，也就是下文總表的最上方。

同一目下的不同品種擁有着大量相同的遺傳基因以及一些外形特徵。有些目下的大量鳥類品種都存在於歐洲：如雀形目，鳴禽類，存在着200餘個品種。而另外一些目下卻只有極少數品種存在於歐洲：如紅鸛目中只有大紅鸛在歐洲生存，淺鳥目中只觀察到5種淺鳥在大西洋歐洲水域裏生存。

歐洲可觀察的鳥類對應的目、種群表

目	種 群
雁形目	雁(p.146)、天鵝(p.95)和鴨(p.82)
雞形目	鷓鴣(p.147-148)、松雞、雷鳥(p.128)、雉(p.98)
淺鳥目	水鷗
礪鷸目	礪鷸(p.117)
䴉形目	䴉和海燕
鵜形目	鵜鶘、鸕鷀、鰹鳥
鸛形目	鷺(p.122-124)、鸛(p.88)、䴉、琵鷺
紅鸛目	大紅鸛(p.103)
隼形目	鷹(p.67)、鵟(p.176)、雀鷹(p.96)、鵟(p.81)、鳶(p.140)等
鷲鷹目	隼(p.99-100)
鶴形目	鶴、秧雞、鴇
鴴形目	水棲類、鷸(p.144-145)、海鷗(p.111-114)、燕鷗(p.167)
沙雞目	沙雞
鴿形目	鴿(p.153-155)、鳩(p.171-172)
鸚形目	鸚鵡(p.149)
鵑形目	杜鵑(p.92)
鴞形目	倉鴞(p.180)、耳鴞(p.183)
夜鷹目	夜鷹(p.181)
雨燕目	雨燕(p.130-131)
佛法僧目	翠鳥(p.132)、佛法僧、蜂虎、戴勝(p.127)
鴷形目	啄木鳥(p.150)和地啄木
雀形目	所有鳴禽類鳥、從燕到鴉、還包括鴉科鳥類(細節請見下頁)

雀形目分科表

科	種群
百靈科	雲雀(p.69)、鳳頭百靈(p.89)
燕科	燕(p.125-126)
鷚鴒科	鷚、鶺鴒(p.74-75)
蜂虻科	太平鳥
河烏科	河烏
鷦鷯科	鷦鷯(p.174)
岩鷚科	林岩鷚(p.66)
鶇科	烏鶇(p.133)、鶇(p.119-120)、紅尾鴝(p.163)、鴝(p.173)、紅喉雀等
鶯科	林鶯(p.101-102)、柳鶯(p.158-159)、籬鶯、戴菊鶯(p.160-161)、大葦鶯
鶲科	斑鶲(p.110)
長尾山雀科	長尾山雀
畫眉科	紅嘴相思鳥(引入)
山雀科	山雀(p.135-139)
鳾鳥科	鳾(p.166)
旋壁雀科	紅翅旋壁雀(p.170)
旋木雀科	旋木雀(p.118)
攀雀科	攀雀
黃鸝科	歐洲黃鸝
伯勞科	伯勞
鴉科	烏鴉(p.90)和小嘴烏鴉(p.91)、松鴉(p.109)、星鴉、喜鵲(p.152)
椋鳥科	椋鳥(p.97)
雀科	麻雀(p.141-142)和雪雀
梅花雀科	白喉文鳥(引入)
燕雀科	燕雀(p.156-157)、翠雀、金翅雀(p.83)、黃雀(p.169)、金絲雀(p.165)、交嘴雀等
鵐科	鵐(p.79-80)

辨認鳥類的竅門

　　隨後，你將讀到鳥類不同品種的介紹，為了便於你在現實情景中認出你要觀察的鳥類，在此為你提供一些辨認竅門。

　　對於中至大體形的鳥類，首先就要參考鳥類的身體結構以及你所熟悉的參照物：如雞、鴨、長着長腿的涉禽、長着鈎形喙嘴的猛禽。

　　對於身材較小的鳥類，鳴禽以及相近品種，建議從研究羽毛的顏色着手。這裏所説的顏色指的是羽毛的顏色，而非無毛部分（喙、腿）。根據我們的竅門，如果鳥類全身羽毛主要顏色或者某一部分的羽毛顏色鮮豔，那應該能很快找到相關的品種。接着要做的便是在下文的不同鳥類介紹中找到這些品種的名字，然後進一步辨認所觀察到的鳥類。這些介紹分為晝行鳥和夜行鳥。兩大類中，鳥類的品種按字母排序。

　　有時候，雄鳥和雌鳥的毛色不同（例如：灰雀），或者同一屬的鳥可能會包含不同毛色的品種（例如：山雀），因此，同一品種的鳥可能出現在不同的分類竅門中。

與雞和鴨有關的鳥類

• 內部帶有間層的扁喙、蹼足、中至大身形、水棲	雁（p.76, p.77）、鴨（p.82）、天鵝（p.95）、潛鴨（p.106, p.107）、灰雁（p.146）、野鴨（p.164）、冠鴨（p.168）
• 身材中等、外表與雞相似、陸棲或水棲	雉雞（p.98）、骨頂雞（p.105）、黑水雞（p.108）、雷鳥（p.128）、鷓鴣（p.147, p.148）
• 潛水鳥、中至大身形、水棲	鸕鶿（p.115）、塘鵝（p.104）、鸊鷉（p.117）

涉禽：有着與身材相比較長較大的腿部

大型涉禽
身形較大、長頸、生活在潮濕
環境

• 喙嘴筆直，似匕首般、白色或灰色羽毛	白鷺(p.68)、鷺(p.122, p.123)、鸛(p.88)、鶴
• 喙嘴長而扁闊、白色羽毛	琵鷺
• 喙嘴短而彎曲、粉色至灰色羽毛	紅鸛(p.103)

小型涉禽
身材中等偏小、喙嘴短至長

• 喙嘴捲翹	反嘴鷸、青(紅)腳鷸(p.84, p.85)
• 喙嘴筆直	沙錐(p.73)、青(紅)腳鷸(p.84, p.85)、長腳鷸、鴴(p.116)、蠣鷸、麥雞(p.175)
• 喙嘴向下彎曲	濱鷸(p.71)、杓鷸(p.93)

猛禽：
鈎形喙嘴、爪（大利爪）、中至大身形、潛伏狩獵

畫行猛禽
雙眼位於頭部兩側

• 身形較大	金雕(p.67)、魚鷹、鵟(p.81)
• 身材中等	雀鷹(p.96)、隼(p.99)

夜行猛禽
雙眼位於正臉且面部平圓

	小鴞（p.178）、灰林鴞(p.179)、倉鴞(p.180)、雕鴞(p.182)、長耳鴞(p.183)

與鷗有關的鳥類：
淺色羽毛、蹼足、中至大身形、水域附近活動

• 身形較大、成鳥喙嘴呈黃色	銀鷗(p.111)、黑背鷗(p.112)
• 身材中等、紅色喙嘴	黑頭鷗(p.144)、紅嘴鷗(p.145)
• 身材中等、體型纖細、短腿	燕鷗(p.167)

鳴禽及相似品種：
小至中身形、羽毛時常為彩色

沿樹幹上行	旋木雀、啄木鳥、鳾（p.166）

頭頂冠羽	
• 身材中等	戴勝（p.127）
• 身形較小	鳳頭百靈（p.89）、冠山雀（p.137）

藍色羽毛	
• 身形較小	山雀（p.135）
• 身材中等	翠鳥（p.132）、磯鶇（p.143）
• 身形較大	松鴉（雙翼帶藍色）（p.109）

綠色羽毛	
• 身形較大	鸚鵡（p.149）、綠啄木鳥（p.151）
• 身形較小	山雀、翠雀

黃色羽毛	
• 喙嘴細小	鶺鴒（p.75）、大山雀（p.136）
• 喙嘴粗厚	黃鸝（p.79）、金翅雀（p.83）、金絲雀（p.165）、黃雀（p.169）、翠雀

鳴禽及相似品種：
小至中身形、羽毛時常為彩色

紅色或橙色羽毛

• 喙嘴細小	白眉歌鶇(p.119)、燕(p.126)、磯鶇(p.143)、歐亞鴝(p.162)、赭紅尾鴝(p.163)、鴝(p.166)
• 喙嘴粗厚	交嘴雀(p.70)、灰雀(p.78)、鵐(p.79)、金翅雀(p.83)、朱頂雀(p.129)、燕雀(p.156)
• 喙嘴長似匕首般	翠鳥(p.132)
• 喙嘴長且頂端彎曲	戴勝(p.127)

黑色羽毛

• 身形較大、與烏鴉相似	山鴉(p.86)、寒鴉(p.87)、烏鴉(p.90)、小嘴烏鴉(p.91)、紅嘴山鴉(p.94)
• 身材中等、地面活動	椋鳥(p.97)、烏鶇(p.133)
• 飛行、尾翼呈叉形、雙翼呈鐮刀狀	燕(p.125, p.126)、雨燕(p.130, p.131)
• 尾翼偏紅色且會擺動	赭紅尾鴝(p.163)

黑色與白色羽毛

• 身形較大	喜鵲(p.152)、啄木鳥(p.150, p.151)
• 身形較小	鶺鴒(p.74, p.75)、山雀(p.138, p.139)、啄木鳥(p.150, p.151)

鳴禽及相似品種：
小至中身形、羽毛時常為彩色

灰色羽毛

- 身形較大、體型修長　　　　杜鵑(p.92)
- 身形較大，鴿子　　　　　　鴿(p.153-155)、斑鳩(p.171, p.172)
- 身形較小、尾翼長、陸棲　　鶺鴒(p.74)
- 尾翼偏紅色且會擺動　　　　紅尾鴝(p.163)
- 黑色帽狀頭頂　　　　　　　灰雀(p.78)、林鶯(p.101, p.102)
- 棲於峭壁、側翼有紅斑　　　紅翅旋壁雀(p.170)
- 白色尾翼上有T形黑紋　　　鵖(p.173)

**褐色羽毛、
不具鮮豔的顏色**

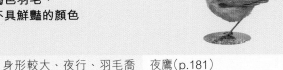

- 身形較大、夜行、羽毛喬
  裝近似貓頭鷹　　　　　　　夜鷹(p.181)
- 身形較大、鴿子　　　　　　鴿(p.153-155)、斑鳩(p.171, p.172)
- 身材中等、地面活動、下
  半身有斑點　　　　　　　　鶇(p.119, p.120)
- 常飛行、尾翼呈叉形、翼尖　燕(p.125,126)、雨燕(p.130, p.131)
- 身形較小、上半身有條紋　　鷚(p.66)、雲雀(p.69)、鳳頭百
  　　　　　　　　　　　　　靈(p.89)、錫嘴雀(p.121)、朱頂
  　　　　　　　　　　　　　雀(p.129)、麻雀(p.141, p.142)
- 身形較小、上體毛色一致　　河鳥、鶯(p.102)、燕雀(p.156,
  　　　　　　　　　　　　　p.157)、柳鶯(p.158, p.159)
- 身材極小、褐色或橄欖色、　柳鶯(p.158, p.159)、戴菊鶯
  部分有眉羽　　　　　　　　(p.160-161)、鷦鷯(p.174)
- 黑色帽狀頭頂　　　　　　　林鶯(p.101, p.102)、山雀(p.136,
  　　　　　　　　　　　　　p.138)

第一章・

認識鳥類

條紋狀的栗色背毛

灰色頭部

褐色面頰

林岩鷚

拉丁學名:Prunella modularis

 19-21 厘米

 全年

 樹籬、公園、灌木叢

 除地中海地區外的所有地區

外形特徵	生性低調的小鳥,頭部和胸部的毛呈灰藍色,頭頂背部褐色兼有黑色縱紋,腳爪呈粉色,嘴尖而細。在地面活動,猶如覓食的老鼠,常藏身於灌木叢中。高處囀鳴,偶爾在岬角地活動。
聲音	它的囀鳴尖利而快速,聲音洪亮,與鷦鷯(p.174)相似。
食性	無脊椎動物,冬季也食取地面或者林下灌木叢中的小種子、草籽。
易混淆鳥類	幾乎沒有鳥類與它相像。家麻雀(p.141)雌鳥全身褐色,但其面部不呈灰色,並且喙部更粗壯。
季節特徵	本地營巢的林岩鷚都是留鳥。每年冬季,從10月到次年3月,都會有來自歐洲北部的林岩鷚來此越冬。
目	雀形目
科	岩鷚科
兩兩還是三三	通常,林岩鷚們都雙棲雙宿,但是也會遇到3隻成群,即1隻雌鳥和2隻雄鳥,它們一起照顧窩巢裏的雛鳥。極少數情況下,1隻雄鳥和2隻雌鳥一起生活。

金色頭部

指狀翼尖

格狀羽翼

金雕

拉丁學名：Aquila chrysaetos

 205-220 厘米

 全年

 高山牧場、懸崖

 高山、科西嘉島

外形特徵	頭部呈金色，深棕色的大型鷹，有着方形長羽翼以及長尾巴。成鳥羽翼上身有蒼白色條紋。幼鳥的尾巴基部和飛羽黃白相間，成鳥的羽翼在4歲時成形。多沿着高山斜坡，懸崖峭壁週圍滑翔飛行。
聲音	通常寂靜無聲，有時發出"Kio"的哀嚎聲，或"twii-o"的鳴叫聲，使人聯想到鵟。
食性	脊椎動物，食取地上的田鼠及包含野兔、狐狸、土拔鼠在內的四肢動物以及鳥類（雲雀以及松雞）。
易混淆鳥類	唯一在高山築巢的大型鷹。讓布朗的短趾雕是一種小型鷹，其上身呈格狀棕白色，有着斜條紋棕色尾巴，以食取爬行動物為生，從樹木頂端伺機攫取獵物或在飛行中攫取獵物。變化不定的鵟(p.81)體型要小很多，羽翼外廓呈圓形，胸前通常呈白色新月狀。
季節特徵	金雕在懸崖峭壁用樹枝築巢，極少在樹上築巢，通常情況下，在其狩獵領域的低海拔處築巢，這樣其能夠以最不費力的方式轉移大型獵物。冬天也留在山上。
目	隼形目
科	鷹科
曾經的護林員	考古學搜尋時的發現證明金雕過去出現在法國平原的森林裏，但如今其屬於高山，多出現在比利牛斯山，中央高原和阿爾卑斯山。

褶皺短脖子

黑喙

全身白色

黑腿

黃指爪

白鷺

拉丁學名：*Egretta garzetta*

 90-95 厘米

 全年

 潮濕地區，河流，海濱，沼澤

 到處可見

外形特徵	潔白無瑕的小型白鷺，黑喙，黑腿，黃色指爪，成鳥的頸背有長長的雙翼，幼鳥則無。
聲音	在山谷裏可以聽見其沙啞的咕咕叫聲。
食性	魚、青蛙、水生無脊椎動物以及幼蟲。
易混淆鳥類	牛背鷺(p.123)體型更加矮壯，腿和指爪均為黑色，黃喙，成鳥的頸背、胸部和肩部染黃色。大白鷺，更加罕見，體型同蒼鷺(p.122)，全身白色，黑色足趾，喙在夏天呈黑色，冬天呈黃色。
季節特徵	一些白鷺多在冬天遷徙南方，其餘的全年留在繁殖地附近。
目	鸛形目
科	鷺科
結冰期和存活	在羅恩河的研究表明10隻成鳥裏面有7隻能夠存活到第2年，而幼鳥10隻裏面只有5至6隻可以存活到第2年，但如果是在漫長的結冰期，當地90%的白鷺可能死掉。

短冠　　　　面部蒼白

條紋點綴的胸部

雲雀

拉丁學名：Alauda arvensis

 30-36 厘米

 全年

 露天環境，田野，高山牧場，沙丘

 到處可見，甚至高山

外形特徵	羽毛呈棕色和白色條紋狀，胸部有條紋腹甲，頭部有短冠。飛行的時候可以看見羽翼後部有白色鑲邊。鳥喙比麻雀更細。
聲音	常在高空囀鳴，發出連續的啁啾尖聲鳴叫。叫聲如吱吱的舌顫音，尤其在飛行時鳴叫。
食性	在地面行走時食取種子或啄取藏於低矮植物或不毛之地上的無脊椎動物（毛蟲、蟲蚋、蟋蟀等）。
易混淆鳥類	在法國還有另外三種稀有雲雀，以及身形更為修長、頭戴短冠、鳴聲優美、更具地中海氣質的鳳頭百靈（p.89）。
季節特徵	在法國的留鳥，會有個別從斯堪的納維亞遷徙至西班牙，也會有大量的北方鳥兒來法國越冬。
目	雀形目
科	百靈科
持續的衰退	20多年來，因為加強農業運作的緣故，法國每年損失1%的雲雀。雲雀被不停地捕殺。雲雀，我要除去你的羽毛……

碩大頭部

捲喙

紅色或黃色

新月形尾巴

紅交嘴雀

拉丁學名：Loxia curvirostra

 27-30 厘米

 全年

 針葉樹林

 有可能全部地方

外形特徵	碩大頭部，尖尖的上喙，厚厚的鳥嘴，向外部交叉。雄鳥一身羽毛呈紅色，而雌鳥一身羽毛呈綠色，幼鳥呈條紋狀，羽翼和尾巴呈深棕色。在針葉林覓食，通常攫取毬果為食。
聲音	典型的鳥鳴，連續、輕快而平穩"teup"，"tyip"的鳴叫聲。鳥鳴的音調代表群體，因為其鳥喙根據其專屬的針葉林毬果或大或小。
食性	針葉樹木種子(雲杉、冷杉以及松樹)，其鳥喙能夠將毬果切開兩半或兩片，從而保護種子，食取毬果的汁。是能夠將自己懸掛在毬果上的高手。一些冷杉交嘴雀群體專門棲居在松樹上，有着更厚的鳥喙，因此能夠在雲杉和松樹上覓食的有着更加細的鳥喙。
易混淆鳥類	法國唯一的築巢交嘴雀。其它的雀類的一身羽毛下身呈紅色(灰雀、燕雀，朱頂雀)，但均無交叉的喙。
季節特徵	交嘴雀在毬果成熟之際繁殖，因此並不是非在春天不可，而是多在冬末。幼鳥在鳥巢裏呆幾週，然後能夠遠距離飛行。從 6 月份起，也有可能在遷移地區或遠離出名的繁殖區發現交嘴雀。
目	雀形目
科	雀科

中長喙

上身均勻的灰白色

黑色的鳥爪

黑色的腳腕

三趾鷸

拉丁學名：Calidris alba

 40-45 厘米

 通常在冬天

 沙灘、港灣

 太平洋海濱

外形特徵	黑白色的小型水棲類，有着不是很長卻相當直的喙，一身白色的羽毛，在冬天的時候肩膀上的一塊黑色點綴。飛行時，看起來一身全白，夾雜着中間白色條狀的黑色羽翼。鳥爪和鳥喙均為黑色。在夏天，頭部和脖子部分，以及背部呈黑色點綴的橙黃色。
聲音	小聲謹慎地鳥鳴，常常叫兩聲 "tvei"，與黑腹濱鷸的吱吱叫聲有着區別。
食性	以小型無脊椎水生動物為食，在土壤表面覓食。通常在沙灘、泥潭覓食，在其覓食過程中交替奔跑或緩慢走動。
易混淆鳥類	與其它黑爪短喙的鷸類易混淆。詳見黑腹濱鷸(p.72)。
季節特徵	三趾鷸不在法國築巢，但前往法國越冬，在這期間，其最終出現在海濱，在人多的沙灘也可以見到，比如諾曼第。
目	鴴形目
科	鷸科
來自北極的長途旅行者	三趾鷸是長途旅行者，是在歐洲越冬的群鳥，它們出生在北極、加拿大、西伯利亞或斯皮茲伯格。

認識鳥類

夏天

黑色弓形長喙

鱗狀上身

黑腹

黑爪

幼鳥

條紋狀側翼

黑腹濱鷸

拉丁學名：*Calidris alpina*

 38-43 厘米

 通常在冬天

 港灣、河口、沙灘

 沿着海濱，極少出現在內陸

外形特徵	小型棕色和黑色水棲類，往下彎曲的長喙，中長的鳥爪。在夏天，成鳥的腹部裹着大塊黑色的印記。在冬天，腹部呈白色，上身呈灰色。可以通過黑色鳥喙、眼睛和爪子來區別它們。在飛行的時候，尾部白色，中間有大片的黑色線條。
聲音	其鳥鳴聲是尖銳顫音的 "trrriiit" 聲。
食性	在淤泥或沙地覓食捕獲無脊椎水棲動物，有時通過鳥喙試探下部地層。
易混淆鳥類	其它的鷸鳥在遷徙時和冬天出現在法國，不過更不常見，特別是小濱鷸(體型更小，喙更短)，彎嘴濱鷸(爪子和弓形喙更長，尾部全白)，三趾鷸(短喙，灰色和白色)，紅腹濱鷸(體型更大，短喙，夏天身體呈磚紅色)。
季節特徵	夏天出現的數量較少，這是一種冬天很多的鷸鳥，在沿海的大海濱出現上千個體組成的大軍，比如艾吉永，聖蜜雪兒山，塞納河河濱。在法國越冬的黑腹濱鷸在格陵蘭直到西伯利亞築巢。
目	鴴形目
科	鷸科
體型更大，但顏色更少	對黑腹濱鷸而言，在夏天，相對雄鳥，雌鳥的體型更大，但顏色更少，在鳥巢中更不顯眼。

黑白色條紋

金色背帶的黑色背部

筆直的長喙

扇尾沙錐

拉丁學名：Callinago gallinago

 44-47 厘米

 全年，築巢罕見

 沼澤，潮濕的牧場，蘆葦地週邊

 冬天可能所有地

外形特徵	圓圓的小型水棲類，綠色的足，筆直的長喙，黑色乳白色長線條的條紋狀頭部，一身羽毛摻雜着棕色、白色和黑色。多隱蔽，蜷縮身體躲藏在水生植物週邊，多群居。
聲音	在飛行的時候，發出響亮刺耳有爆發力的嘶嘶聲。
食性	在沼澤地將其長喙通過敲擊插入進行攫食，以抓獲蠕形動物和其它無脊椎水棲生物。
易混淆鳥類	丘鷸體型更大，夜間活動，多出沒於森林和牧場。姬鷸體型更小，短喙，只有冬天的時候少數出現在法國。
季節特徵	只有很少的扇尾沙錐在法國築巢，在大西洋海濱的沼澤地和弗朗什孔泰。在冬天，可以在潮濕區域看見來自北方成千的鷸鳥。
目	鴴形目
科	鷸科
高空特技飛行的誘惑者	扇尾沙錐雄鳥通過賣弄飛行來向雌鳥獻殷勤，通過大弧度、衝上雲霄，比肩飛行，尾巴上鋪展開的羽翼擺動空氣的過程中以45度角魚躍式發出鼓鼓作響聲。

黑色頸圈

白色面部

冬天

灰色背部

黑色圍嘴

長尾巴

夏天

白鶺鴒

拉丁學名：*Motacilla alba*

 25-30 厘米

 全年，特別是在夏天

 鄉村，居民區附近，冬天在河流附近

 所有地區

外形特徵	灰色、黑色和白色的鳴禽，有着黑色的前胸和顱頂，包圍着一張白色的面部，背部呈灰色，羽翼上有兩條白色的帶狀，其通常從下往上點頭。這是一種在陸地上活動的鳥，其通常在建築物上覓食。
聲音	其鳥鳴是帶顫音的 "tirlii" 聲，通常是重複的。
食性	全年食取多種多樣的無脊椎動物。
易混淆鳥類	一些比較黃鶺鴒幼鳥上身非常白，但一般有着暗綠色的背部。灰鶺鴒有着灰色的背部，但其腹部基部是鮮明的黃色。
季節特徵	儘管可以全年在法國看到白鶺鴒，但一些個體是長途遷徙者，在撒哈拉沙漠南部非洲越冬。
目	雀形目
科	鶺鴒科
英國鶺鴒	大不列顛的築巢鶺鴒有着黑色的背部，深灰色條紋的肋部。其構成了不同的亞種，被稱為 Yarrell 鶺鴒（亞種 Yarrellil），冬天在法國出現，特別是在法國的北部中間。其鳴叫聲比其陸地雌鳥同類更帶感情。

黃綠色的頭部

灰色頭部白色眉羽

雄鳥：ssp.flavissima

橄欖綠的背部

深灰色鳥冠

黃色喉部

檸檬黃

雄鳥：ssp.thunbergi

雄鳥：ssp.flava

長尾巴

黃鶺鴒

拉丁學名：Motacilla flava

 23-27 厘米

 4 月至 9 月

 沼澤，蘆葦地，牧場、種植田野

 所有地區

外形特徵	下身黃色，背部綠色，白邊黑色長尾巴，有着兩條白色帶狀的黑色羽翼。雌鳥色澤更加黯淡。存在大量的亞種。雄鳥的特徵是頭部染色。在法國，亞種flava（灰色頭部，白色眉羽和黃色喉部），iberiae（深灰色頭部，白色眉羽，白色喉部，來自西班牙），cinereocapilla（深灰色頭部，白色喉部，來自義大利），flavissima（橄欖綠頭部，黃色眉羽和喉部，來自荷蘭）築巢。Thunbergi（深灰色頭部，黃色喉部，來自斯堪的納維亞）遷徙越冬，feldegg（黑色頭部，黃色喉部），來自巴爾干半島，尤為罕見。存在大量的中間種類。
聲音	其鳥鳴為在飛行的時候發出略帶哀怨的"pisé"。
食性	無脊椎動物
易混淆鳥類	與灰鶺鴒易混淆，其背部呈灰白色，在腹部基部均為黃色，以及白鶺鴒的幼鳥(p.74)不呈黃色。
季節特徵	長途遷徙者，其在非洲築巢，從塞內加爾直到納米比亞。
目	燕雀目
科	鶺鴒科
耕地的鳥	黃鶺鴒最近佔領了法國西部、中部和東部大部分的耕作地。其偏愛油菜作物和潮濕的溝壑。

黑色背部

白色項圈

白色臀部

黑雁

拉丁學名：Branta bernicla

 110-120 厘米

 冬天，10 月至 3 月

 岩石週邊，港灣，小河灣

 敦克爾克到阿爾雄沿海地區

外形特徵	深暗的小型鵝，黑色的頭部和胸脯，深棕色的身體，脅部下體處有白色斑點，脖子的兩側分別有白色的新月形。白色的喙和爪子。
聲音	其鳥鳴為群體發出的持久顫抖的 "rrrran" 聲音。
食性	海生藻類的嫩葉，特別是大葉藻，有時也食陸地禾本科。
易混淆鳥類	這是法國海濱唯一有着全黑頭部的黑白色的鵝。當寒潮來臨的時候，白頰黑雁在法國北部很罕見，脖子成黑色，面部呈白色，身體呈灰色和白色。
季節特徵	深色腹部的雁（bernicla 亞種）起源於西伯利亞。在冬天，它們根據其食取的藻類的豐富度轉移。在柯坦登半島，有着蒼白色脅部的越冬者們屬於起源於加拿大的 hrota 的亞種。
目	雁形目
科	鴨科
成果？	鵝和大雁舉家遷徙。對於黑雁而言，成年黑雁有着均勻的羽翼，而幼年黑雁閉合的羽翼上呈現清晰的線條（翅膀表面有着蒼白色流蘇）。該差異能夠在冬天估計幼年黑雁在群體中的比例，以及在西伯利亞的物種繁殖的戰績。

白色臉頰

長頸

白色臀部

加拿大雁

拉丁學名：Branta Canadensis

 160-175 厘米

 全年

 池塘、湖泊

 所有地區，有時靠近城市

外形特徵	栗色和淺褐色大型鵝，黑色的長脖子，與脖子拼接的白色面頰。黑色的喙和爪子。通常結對或群體活動。
聲音	其鳴叫聲為嘹亮喇叭聲的 "Honk"。
食性	水生植物的嫩葉，或陸地植物的嫩芽。
易混淆鳥類	與有着白色面頰，黑色的喙和爪子的灰鵝有區別。
季節特徵	加拿大雁起源於北美洲，被當做觀賞鳥類引入歐洲。其能夠佔領大部分的潮濕地區，並在如今大量回歸到了野生狀態。我們也能夠在一些城市公園裏看到它們。
目	雁行目
科	鴨科
兩個孿生物種	加拿大的北部接收了體型較小的大雁群體。遺傳研究已經表明實際上其構成了一個完整的種類，被稱為小美洲黑雁，在冬天，其有時不經意地遷徙到荷蘭。

77

灰色玫瑰紅下體

雌性

黑色鳥冠

灰色背部

白色臀部

牡丹橙下身

雄性

紅腹灰雀

拉丁學名：Pyrrhula pyrrhula

 22-29 厘米

 全年

 花園、公園、森林

 所有地區，在南部中間只有在山上可見

外形特徵	帶着黑色貝雷帽，胖胖的雀類，灰色的背部，黑色的羽翼和尾巴。雌鳥的下身呈灰色玫瑰紅，雄鳥有牡丹橙紅色的下身。厚且短的黑色鳥喙。在樹上或小灌木覓食。
聲音	其鳴叫聲是拉長音哀怨的 "piu" 聲。雄性連續發出有節奏的啼叫的氣氛來開始發出鳥鳴。
食性	夏天食取嫩芽、嫩葉、無脊椎動物，冬天食取各類的種子。
易混淆鳥類	任何的雀類都不具有紅色的下體和黑色鳥冠。
季節特徵	在冬天有時常出沒於牲口的食槽，或者經常前往同一種樹(比如白蠟樹)，在那裏它可以找到豐富的種子。
目	雀形目
科	雀科
喇叭灰雀	某些冬天，在法國有發現大型的灰雀發出奇特的鳴叫，讓人想到喇叭的聲音。它們源自俄羅斯北部，在那裏，科米共和國(俄羅斯北極地區)灰雀發出同樣類似音樂的鳴叫聲。除了這些鳴聲，它們與其它歐洲鳥類並無差異。

厚厚的喙

雌鳥

橙黃色屁股

黃色頭部

條紋狀下身

橙黃色胸部

雄鳥

黃鵐

拉丁學名：Emberiza citrinella

 23-29 厘米

 全年

 帶籬笆的牧場，田野，高山牧場，灌木叢

 不在南部平原出現

外形特徵	體型與麻雀般大小，頭部呈黃色，背部呈棕色，臀部呈磚紅色。下體呈黃色且帶有深棕色條紋，雌鳥更加黯淡，顏色沒有雄鳥鮮豔。通常在地面活動，或在灌木叢底部捕食。
聲音	雄鳥的啼叫是一連串的單調或上行的音符，緊隨着更加低沉的音符："tititititi-tu"。鳥鳴：一聲短暫�鼻音的的"tziè"。
食性	全年食取種子，在夏天通過無脊椎動物補充。
易混淆鳥類	與黃道眉鵐(p.80)相似，其黃色略淺，臀部呈灰色而非橙黃色。
季節特徵	這些法國築巢者是定居品種，這些山區鳥在冬天佔領了草原，而前來越冬的北歐鳥則在鄉村越冬。
目	雀形目
科	雀科
黃鵐還是黃道眉鵐	黃鵐來自北方，其同伴黃道眉鵐來自南方，它們互補地分佈在法國：一處其中一種鳥豐富，缺乏另一種鳥。由於黃鵐遭遇了氣候變暖，20年來數量減少了40%，黃道眉鵐慢慢地佔領了法國北部。

黃黑色面罩

厚厚的鳥喙

灰色臀部

橄欖綠和橙紅色的胸部

黃道眉鵐

拉丁學名：Emberiza cirlus

 22-25 厘米

 全年

 露天環境，耕作地，籬笆

 東北部的 1/4 處不可見

外形特徵	類似黃鵐，但雄鳥有着黑黃色的面罩。雌鳥比黃鵐雌鳥更加灰暗，黃道眉鵐一身羽毛的特點是臀部呈灰色而非橙黃色。
聲音	其啼叫是一連串尖銳快速的音符，"titititititi"聲。其鳥鳴為短暫金屬質地的"zit"，與黃鵐的鳴叫有區別。
食性	全年食取種子，夏天以無脊椎動物補充。
易混淆鳥類	與黃鵐非常相似，但是可通過其黑色的面罩和灰色屁股來區分。雌鳥更難區分。
季節特徵	留鳥類。有時越冬遷移可以抵達幾千米之外的地方。
目	雀形目
科	雀科
一個玩笑？	但是黃道眉鵐這個奇怪的法語名是哪裏來的呢？這只是其啼叫聲的簡單重現，但這個名字音節數量應該是選名字的人一念之間選擇了法國本土俗語的一個惡作劇玩笑吧！

褐色羽毛

圓形尾巴

白色月牙紋

普通鵟

拉丁學名:Buteo buteo

 113-128 厘米

 全年

 平原、森林、公路邊

 所有地區

外形特徵	身披棕白色相間羽毛的大型猛禽,羽毛顏色分佈多種多樣,胸前的白色月牙紋為典型特徵,成鳥的月牙紋為橫向,未成鳥則為縱向。有些鵟通體為黑褐色,也有一些通體雪白。經常棲於標杆或大樹枝上伺機捕獵。
聲音	叫聲如"kia"且拖長音,猶如貓的呻吟。
食性	主要以小型哺乳動物為食,但是夏季也會食取大型昆蟲,冬季偶爾食取動物屍體骨架。
易混淆鳥類	與黑鳶(p.140)相似,但是鵟的尾巴偏圓,無叉,並且胸前有明顯的白色月牙紋。
季節特徵	冬季,大批鵟在道路邊捕食棲息在瀝青旁草地裏的田鼠。
目	鷹形目
科	鷹科
田鼠的天敵	鵟每年要捕食成千上萬隻田鼠,因此成為田間控制田鼠數量的重要角色,並從生物角度保護農作物。

飛行

雌鳥

淺色眉紋

金屬藍翼鏡

橙色雙腳

綠色頭頸

鉤狀中央尾羽

黃色喙嘴

金屬藍翼鏡

雄鳥

綠頭鴨

拉丁學名：Anas platyrhnchos

 80-100 厘米

 全年

 潮濕地帶、湖泊、池塘

 所有地區

外形特徵	中型鴨，雄鳥頭部呈暗綠色，接着一圈細的白色頸毛。雌鳥呈褐色或淺褐色，長着淺色眉紋，橙色喙嘴，嘴尖呈褐色，橙色雙腳。翅膀翼鏡呈金屬藍色，後緣圍着一條白色寬邊。
聲音	叫聲很有名，通常如 "gwing"，帶鼻音，根據情況拖長音。
食性	以種子和水生植物為食，也會食取由喙邊間層濾得的小型水生軟體動物。在水面撲水或翻轉時捕取水中或身後的食物。
易混淆鳥類	所有鴨科的雌鳥表面都極為相像，只能從翅膀的翼鏡顏色區分，綠頭鴨的翼鏡呈藍色，週圍有一圈白邊。然而，雄鳥不易與其它鳥類混淆。
季節特徵	每年秋季，幾十萬被飼養的綠頭鴨被放飛以備狩獵之需。到了冬季，會有成千上萬的綠頭鴨從歐洲北部來到法國，又在第2年2月起回歸其窩巢。
目	雁形目
科	鴨科
雄鳥是失色	夏季，雄鳥褪去其值得炫耀的羽毛，因而外形與雌鳥相似，但是仍保留其深黃色喙嘴。從而其它們身披的羽毛被稱為失色的外衣。

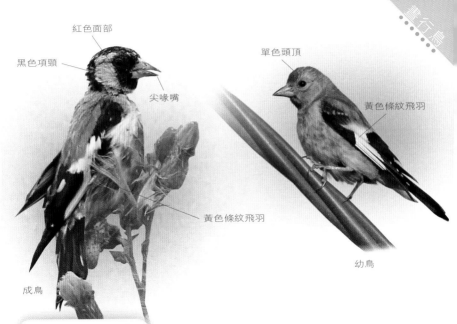

紅色面部
黑色項頸
尖喙嘴
黃色條紋飛羽
成鳥

單色頭頂
黃色條紋飛羽
幼鳥

紅額金翅雀

拉丁學名：Carduelis carduelis

 21-25 厘米

 全年

 農業地帶、湖泊、池塘

 所有地區

外形特徵	小型燕雀，典型特徵表現為黑色雙翼上的一條蛋黃色橫條，紅色面部，喙厚而尖。未成鳥的頭部呈單一淺褐色，成鳥的面部則像一張小丑面罩。
聲音	叫聲清脆、明快，停立或飛行時發出 "pitu pitu" 般的叫聲，節奏較快。
食性	以種子為食，尤其是刺莖菊科植物的種子，因為其較易被喙嘴啄取。
易混淆鳥類	無。由於其毛色組成特殊，故不易與其它鳥類混淆。
季節特徵	冬季，常成群飛臨食槽，夏季，會在農業地帶、住宅附近公園、甚至在高山牧場裏發現它們。
目	雀形目
科	燕雀科
捕鳥者的青睞	金翅雀也可在鳥籠飼養，其與金絲雀雜交所得的配種因其美妙的囀鳴聲而深受青睞。

微翹的長喙

白色下體

灰綠色長腿

青腳鷸

拉丁學名：Tringa nebularia

 68-70 厘米

 候鳥

 潮濕地帶、沼澤、池塘

 可能所有地區

外形特徵	修長的水棲鳥類，全身呈灰色和白色，長着灰綠色的長腿以及微翹的長嘴。飛行時，尾部和白色的背部顯而易見，雙翼全灰。頭部、項頸和胸部呈白色，伴着鮮明的灰色條紋。
聲音	叫聲富有特徵，同 "tiu tiu tiu" 般有力、一致、清晰的三節拍，在飛行時此特點更為顯著。
食性	以淺水處追撲到的水生無脊椎動物、昆蟲為食。
易混淆鳥類	易與普通紅腳鷸(p.85)相混淆，後者身材較小，不修長，雙腿呈橙色，喙嘴筆直且下部顯橙色。
季節特徵	北歐的營巢鳥類，在法國僅在 7 月中旬和 10 月以及次年 4 月做短暫逗留，但是也可全年觀察到形單影隻的青腳鷸。大部分在非洲撒哈拉南部越冬。
目	鴴形目
科	鷸科
大黃腳鷸的遠親	生活在北美洲的大黃腳鷸與青腳鷸極為相像，但是前者的雙腿呈黃色，背呈灰色，只有尾部是一樣的白色。它們的叫聲也非常相似。該鳥類偶爾出現在歐洲，尤其在秋季大西洋氣旋過境後能觀察到該鳥。

灰褐色背部

直喙

紅色雙腿

紅腳鷸

拉丁學名：*Tringa totanus*

 59-66 厘米

 全年

 海灣、河口

 沿海地帶

外形特徵	長腿水棲鳥類，長着一張又直又長的喙嘴，上體披着深灰色羽毛，下體為白色羽毛並伴有鮮明的深灰色條紋。尾部和背部以及翅膀後側呈白色，在飛行時尤為明顯。雙腿和喙嘴下部呈橙色。
聲音	叫聲為三節拍，與青腳鷸相似，但是第一個音有明顯不同，隔開，後面兩個音較短且連在一起："tiu-u-u"。
食性	以水生無脊椎動物、甲殼類、軟體動物、蠕蟲等為食。
易混淆鳥類	易與其它鷸混淆，特別是遷徙至本地的鶴鷸，後者雙腿也為紅色，但是更細長，且其羽毛在夏天為全黑，冬天背部呈白色。
季節特徵	冬季，有眾多來自冰島和歐洲北部的鳥類遷徙至法國，會有若干對紅腳鷸留在法國營巢。有一些候鳥會飛往非洲撒哈拉沙漠南部地區度過這個糟糕的季節。
目	鴴形目
科	鷸科
忠心，變心	如果一對紅腳鷸的雌雄雙方都健在，那麼它們的夫妻關係會長久持續，最長至5年。然而，夫妻分離的情況並不罕見，尤其在築巢密集的地方，因為這些地方充滿了誘惑。

黃色喙嘴

不及尾巴的雙翼

紅色雙腿

黃嘴山鴉

拉丁學名：Pyrrhocorax graculus

 75-85 厘米

 全年

 海拔高處

 阿爾卑斯山脈

外形 特徵	生活在高山的黑色小型鴉科鳥，長着黃色的喙嘴和紅色的雙腿，形似大型烏鶇。一般群棲生活，無論夏季還是冬季，一個群裏最多可能有100多隻鳥（集體營巢）。
聲音	叫聲多變，一般伴着喉間滾動的鳴叫，"ttrrriiou"，與紅嘴山鴉更為爆破的"chouw"有着明顯不同。
食性	夏季以直翅目、鞘翅目等無脊椎昆蟲為食。在草叢中、碎石間、岩石縫等近處樹木之外的地方覓食。冬季則變得投機，除了海灣還會在滑雪道上啄取野餐的剩食！
易混淆 鳥類	易與紅嘴上鴉（p.94）混淆，兩者極為相像，但是就像其名所指，後者的喙嘴更長且呈紅色，並且生活在海拔低處。兩者的叫聲不同。
季節 特徵	冬季，尤其當惡劣天氣持續較長時間，會去海拔較低處的村莊附近生活。
目	雀形目
科	鴉科
社會 結構	夏季，山鴉們多結群生活，到了冬季，則大規模群棲，同一家族棲在同一群體裏。其鳥群非常喧鬧，成對的黃嘴山鴉全年結伴而行。

短喙

淺色眼睛

灰色項頸

寒鴉

拉丁學名：Corvus monedula

 67-74 厘米

 全年

 南部鄉村、北方城鎮

 所有地區

外形特徵	黑色小型鴉科鳥，長着灰色項頸以及淺藍色雙眼。喙嘴較短，呈黑色。觀察中，一般結群而棲，集體營巢，伴侶形影不離。
聲音	叫聲如一聲響亮、乾脆的 "kia"，較為動聽。
食性	雜食鳥類：果子、種子、蠕蟲、無脊椎動物，極少數情況會食取小型脊椎動物。
易混淆鳥類	可能與其它黑色鴉類、小嘴烏鴉或其它烏鴉混淆。但是寒鴉的身材偏小，喙嘴較短，頭部較大較圓，項頸呈灰色，雙眼淺色，這些特徵使它明顯區別於其它鳥類。
季節特徵	冬季，會構築較大型的窩巢，特別是當鄉村的氣候條件惡劣時會遷至城鎮棲息。
目	雀形目
科	鴉科
天然煙囪塞	寒鴉以樹枝在洞孔處營巢，一般建在樹(梧桐)或懸崖上。在城鎮裏，它們會利用廢棄的煙囪管，填上樹枝和枯枝以便在煙囪頂端築巢。

紅色喙嘴

黑色飛羽

紅色雙腿

白鸛

拉丁學名：Ciconia ciconia

 155-165 厘米

 夏季較多

 潮濕地帶、阿爾薩斯鄉鎮

 可能所有地區

外形特徵	大型涉禽鳥，喙嘴粗大呈紅色，雙腿較長呈深粉色，除了黑色飛羽，全身羽毛呈白色。飛行時伸長脖子，並利用熱上升氣流增加海拔高度，這種情況在遷徙時更加常見。它們按自己意願選擇平臺，可能是阿爾薩斯大區的一棵樹、屋頂、煙囪，用樹枝在上面構築一個大鳥巢，偶爾會集體築巢。
聲音	較為安靜，除了炫耀時喙嘴咯咯作響，偶爾頭部向背部後仰也會發出聲音。
食性	以昆蟲、無脊椎動物、小型水生脊椎動物、甚至小型哺乳動物為食。
易混淆鳥類	與蒼鷺(p.122)相像，但是後者並非黑白全身。在法國境內能看到另一種鸛，即黑鸛，其數目較少，頭部、頸部、胸部、背部以及雙翼皆為黑色，其喙嘴和雙腿呈紅色，並且在森林邊境的水域生活。
季節特徵	鸛鳥冬季飛往非洲越冬，途經直布羅陀海峽或伊斯坦布爾海峽。由於氣候變暖，越來越多的白鸛留在歐洲越冬，露天取食並減少食量。
目	鸛形目
科	鸛科

長冠羽

顯著的眉紋

長喙

帶條紋的胸部

鳳頭百靈

拉丁學名：*Galerida cristata*

 30-38 厘米

 全年

 開闊地帶、荒蕪地帶

 北方較為罕見，通常於地中海週圍

外形特徵	身形修長的大百靈，雙腿細長，喙嘴較長，冠羽高高立於顱頂。尾巴較短，翅膀偏圓，翅下有橙色覆羽。
聲音	叫聲多變，通常都悦耳動聽，如 "tlui ti tu" 或是 "dlui"。囀鳴聲與叫聲相似，帶着雙音符和顫音，偶爾也會模仿其它鳥類。
食性	以無脊椎動物，尤其是鞘翅目昆蟲為食，也會食取種子和植物嫩芽。
易混淆鳥類	與雲雀(p.69)相似，但是鳳頭百靈的身材更為修長，且冠羽和喙嘴更長。通常它們更為挺立，在荒蕪的地方奔跑，而雲雀則水準在草叢行走。
季節特徵	歐洲南部和非洲北部的留鳥；生活在歐洲最北部的鳥兒們則飛往南部越冬。
目	雀形目
科	百靈科
短嘴鳳頭百靈的遠親	在法國魯西永大區的多石子常綠灌木叢中罕有地生活着另一種百靈，即短嘴鳳頭百靈。而在馬格里布地區，這種百靈比鳳頭百靈的數量更多。它們更為矮壯，喙嘴短而厚，灰色雙翼下的下體呈較淺的橙色。

無毛灰色面部

通體黑色

禿鼻烏鴉

拉丁學名：Corvus frugilegus

 80-100 厘米

 全年

 農耕平原

 所有地區

外形特徵	大型黑鴉，喙嘴呈黑色，較粗且較尖，成鳥面部有一塊黑色無毛的皮膚。未成鳥的面部則佈滿羽毛。
聲音	無論田間還是熱鬧的群落裏，叫聲都嘶啞而淒涼，如 "krraaaa"。
食性	雜食鳥類：種子、嫩芽、蠕蟲、軟體動物以及昆蟲等，偶爾也會食取小型脊椎動物。
易混淆鳥類	與小嘴烏鴉(p.91)相似，但其成鳥的面部呈灰色且無毛。兩者的未成鳥幾乎無法區別，就連體型也一樣。與寒鴉(p.87)相比，後者體型較小，頭部呈圓形，喙嘴偏短，項頸有一圈灰毛。
季節特徵	在法國的禿鼻烏鴉全年可見，而在歐洲北部的鳥兒則是候鳥，冬季會結成龐大的群體飛到本地的平原越冬。在瑞典，禿鼻烏鴉的回巢則意味着春天的來臨！
目	雀形目
科	鴉科
哀怨的鳥群	禿鼻烏鴉成群營巢，有時候有一百多個鳥巢彙集在矮木、樹排間，例如河流兩邊的楊樹林裏，偶爾也會在人類住所附近棲息。成鳥在週圍的田間覓食，並將食物儲藏於喙下食袋以運送給雛鳥餵食。

黑色頭部

黑色頭部

帶花斑的胸部

小嘴烏鴉

灰色軀幹

冠小嘴烏鴉

小嘴烏鴉和冠小嘴烏鴉

拉丁學名：Corvus corone & Corvus cornix

 93-105 厘米

 全年

 所有地區

 所有地區

外形 特徵	包括喙嘴和雙腿在內通體黑色的大型鴉科鳥。未成鳥和成鳥在外形上沒有區別。科西嘉島上的小嘴烏鴉身體為灰白色，頭部和胸部呈黑色：這是一種相近的品種，即冠小嘴烏鴉，其分佈從義大利一直延伸至歐洲北部。
聲音	叫聲為典型的烏鴉呱呱叫聲："krrooaa"。
食性	投機的雜食捕食者：以花草、種子、無脊椎動物和小型脊椎動物、腐屍為食。
易混淆 鳥類	與禿鼻烏鴉未成鳥(p.90)幾乎一模一樣，但是小嘴烏鴉的喙嘴更厚，頭頂曲線更明顯，且兩者叫聲不同。個頭比寒鴉(p.87)大，後者的頭部偏圓且喙嘴較短，項頸呈灰色，雙眼顏色較淺。
季節 特徵	偶爾，各類小嘴烏鴉在繁殖季節結束前夕會紛紛匯聚，甚至會結成成百上千隻鳥的大群體，而其幼鳥則全年群棲，有時甚至成群出現在城市公園裏。
目	雀形目
科	鴉科
分屬兩個 不同的品 種？	小嘴烏鴉和冠小嘴烏鴉在義大利、蘇格蘭等天氣變化穩定的交接地帶混合雜交。儘管這兩種烏鴉的基因非常接近，但通常都認為它們分屬兩個不同的品種，上述現象就是導致這種觀點的原因之一。

灰色軀幹

帶條紋的腹部

大杜鵑

拉丁學名：*Cuculus canorus*

 55-60 厘米

 4 月至 9 月

 除住宅區外的所有地區

 所有地區

長尾巴

外形特徵	身形修長，通常上體為灰白色，帶有白色條紋，下體為黑色，並拖着狀似香蕉的長尾巴。一些雌鳥身披帶有深褐色條紋的紅棕色羽毛。未成鳥的羽毛一般呈深灰色。
聲音	杜鵑的歌聲非常有名，由10至20個"ku-kou"組成一組音，當雄鳥興奮時則變成三音節組："ki ku-kou"。雌鳥的叫聲通常為快速的吱吱聲："tutututututututu……"。
食性	主要以林冠上捕獲的毛蟲為食。
易混淆鳥類	如果說全世界各地生活着各種各樣的杜鵑鳥，它們披着相似的羽毛，那麼在歐洲只能找到大杜鵑這一種。另一種名為大斑鳳頭鵑的杜鵑鳥會出沒於地中海氣候地區，在喜鵲(p.152)巢內寄生。飛行時與雀鷹相像，後者的雙翼更圓。
季節特徵	杜鵑在春季四月初回巢，屆時能聽見其囀鳴。但是到了6月中旬，部分成鳥已踏上飛往非洲的遷徙之路，根據最新的衛星資料顯示，有些鳥在7月中旬已經抵達了非洲撒哈拉沙漠南部！未成鳥則晚些，於9月啟程。
目	鵑形目
科	杜鵑科
奪巢寄生	杜鵑雌鳥叼鳴禽類鳥的巢，小心翼翼叼出宿主的一枚卵，然後將自己的卵產在巢內。杜鵑鳥的雛鳥是巢內首隻破殼的鳥，它將巢內其它卵都推出巢外。親鳥就此孵育杜鵑雛鳥，後者在不久後體型就超過了它們。遭受寄生的鳥類一般為鶺鴒、知更鳥、鷚、鶺鴒、鶯、大葦鶯等。

單色面孔

弧形長喙

白腰杓鷸

拉丁學名：*Numenius arquata*

 80-100 厘米

 4 月至 9 月

 夏季於荒原，冬季於河灣

 可能所有地區

外形特徵	大型水棲類鳥，雙腿纖長，長長的喙嘴向下彎曲，雌鳥的喙較雄鳥更長。身披褐色羽毛，上體帶有黑色斑點，下體則是鮮明白色條紋，單色面部上嵌着黑色眼珠。飛行時，白色尾部突顯。
聲音	叫聲呈一組音階上升的響亮旋律："kourrli kourrli kourrli……"聲。
食性	以無脊椎動物為食，尤其是土壤或淤泥表面或深處捕獲的蠕蟲和軟體動物。
易混淆鳥類	與中杓鷸相似，後者是種北方候鳥，穿越法國以到達非洲越冬。其體形較小，頭頂偏暗，眼部有一條深色的橫紋，叫聲與白腰杓鷸不同。
季節特徵	罕見的荒原以及濕地草甸的築巢者，即使在本國境內，白腰杓鷸在海濱和河灣的數量也超過了冬季來自北方的營巢者，後者建成的集體窩巢有時能匯聚成百上千隻鳥。
目	鴴形目
科	鷸科
細嘴杓鷸	細嘴杓鷸是白腰杓鷸的遠親，曾出沒於法國的候鳥，最後一次觀察被證實於1999年在阿曼蘇丹國境內。因此，可能同北美的愛斯基摩杓鷸一樣，已經消失在人們的視野中。法國境內最後一次拍攝到細嘴杓鷸是在1968年2月，攝於法國艾吉永海灣。

弧形紅嘴

與尾巴齊長的雙翼

紅色雙腿

紅嘴山鴉

拉丁學名：Pyrrhocorax pyrrhocorax

 73-90 厘米

 全年

 山區、濱海懸崖

 布列塔尼、比利牛斯、中央高原、阿爾卑斯地區等

外形特徵	通體黑色的小型鴉，喙嘴呈紅色弧形，雙腿呈紅色。在覓食的地面行走。飛行時，雙翼短而寬，飛羽呈指狀分開。
聲音	具有代表性的叫聲為響亮的鼻音："chouw"或"kiav"，常常群鳥齊鳴，或飛翔時雌雄共鳴。
食性	以無脊椎動物為食，尤其是鞘翅目昆蟲和藏在淺草地、碎石地土壤裏的蚱蜢，冬季也會食取種子和漿果。
易混淆鳥類	與生活在山上的黃嘴山鴉(p.86)相似(叫聲不同)，以及同小嘴烏鴉(p.91)或寒鴉(p.87)相似，後者的喙和雙腿皆為黑色。
季節特徵	山鴉屬於留鳥。在山上，它們在冬季會飛去海拔低處覓食。
目	雀形目
科	鴉科
也是布列塔尼的居民！	一小部分紅嘴山鴉生活在非尼斯太爾省的韋桑島，是布列塔尼海岸邊的大群山鴉的遺留隊伍。它們在此地的沿岸山洞裏築巢，並在毗鄰的淺草坪上覓食。大部分山鴉都被套了彩色編碼腳環，以便對其進行終生遠端研究。

黑色面部

橙色喙嘴

全白

疣鼻天鵝

拉丁學名：Cygnus olor

 205-240 厘米

 全年

 池塘、湖泊、河流

 所有地區

外形特徵	通體全白的大型天鵝，喙呈橙色，上面有一塊黑色瘤疣。優雅高傲的鳥類，頸部可曲可直。未成鳥的羽毛為煙灰色，喙嘴色深且無瘤疣。飛行時，雙翼在空氣中拍打發出噓聲。
聲音	幾乎不會發出聲音，偶爾發出沉悶的 "hon"，僅近距離可聞。
食性	以水生植物為食，搖晃身體能吃到水下1米深處的植物。
易混淆鳥類	與另兩種少數在法國越冬的北極天鵝相似：比尤伊克天鵝，其身材較小，喙嘴黑色且下半部呈橙色，脖子伸直，以及野天鵝，其體形較大，喙嘴橙色較前者更深，也有一條伸直的長脖子。
季節特徵	疣鼻天鵝屬於留鳥，通常在波光粼粼的水面形成靚麗的風景。
目	雁形目
科	鴨科
王室之鳥	在英國，所有疣鼻天鵝都深受女王青睞。當然，它們是保護對象，而非捕獵對象。

黃色或橙色的眼睛

灰色上體

帶有橫紋的尾巴

帶有精緻橫斑的下體

漸圓形雙翼

雀鷹

拉丁學名：Accipiter nisus

 55-70 厘米

 全年

 森林、樹叢、公園

 所有地區

外形特徵	小型猛禽，上體呈灰褐色，白色下體帶有清晰的棕紅色(雄鳥)或灰色(雌鳥)橫紋。長尾具橫斑，雙翼偏圓。橙黃色眼睛，雙腿為黃色。棲息時，直立上體；飛翔時，速度飛快，延起伏山丘低空飛行。雌鳥體形較雄鳥更大。
聲音	較為安靜，除了在炫耀時發出 "kiukiukiu⋯⋯" 的哀叫聲。
食性	捕食小鳥，在樹林和樹籬間曲折飛行，並適時突然猛撲向獵物。
易混淆鳥類	易聯想到杜鵑，但是雀鷹的雙翼較圓且飛行更為矯健。而隼身形更為修長且雙翼更尖。
季節特徵	歐洲北部的雀鷹是候鳥，每年秋季有成千上萬隻鳥兒穿過比利牛斯山脈。冬季，它們光臨食槽，企圖在那裏捕獲粗心的鳴禽類鳥。較親近森林樹木，營巢範圍大至大城市的公園，在巴黎就能看到此現象。
目	隼形目
科	鷹科
蒼鷹	在法國能見到第二種鷹，其體形更大，但是身上披着幾乎一樣的黑色羽毛：蒼鷹。在科西嘉島，同雀鷹一樣，蒼鷹的羽毛同內陸鳥兒的羽毛不同，其群體構成了一個獨立的生物亞種(蒼鷹科西嘉亞種，雀鷹地中海亞種)。

 色喙嘴
 聯合的羽毛
帶有紅色斑點的黑色羽毛
黃色喙嘴　黑色喙嘴
全身灰褐色
紫色和綠色的光澤
粉色雙腿
純色椋鳥
紫翅椋鳥
未成鳥

紫翅椋鳥和純色椋鳥

拉丁學名：*Sturnus vulgaris & Sturnus unicolor*

37-42 厘米

全年

農業平原、公園、森林邊緣

所有地區

外形特徵	身材大小介於麻雀和烏鶇之間。佈着白色或米色斑點(到冬季數量會增加)的黑色羽毛，頸間發出綠色和紫色的光澤(夏季)。喙嘴呈黃色，雙腿呈粉色。常在地面上行走，棲於樹枝、屋簷、電線桿上或者其窩巢所在洞穴的附近囀鳴。未成鳥全身呈灰褐色，喙嘴呈黑色。
聲音	毫無規律的囀鳴，摻有吱嘎聲、嘶嘶聲，也會重複幾個悦耳的音符。
食性	夏季，主要以無脊椎動物、昆蟲、幼蟲和蠕蟲為食，也會食取種子和果子，尤其到了秋季和冬季。
易混淆鳥類	與烏鶇(p.133)的雄鳥或雌鳥(成鳥身披黑色羽毛，喙嘴呈黃色，未成鳥通體褐色)相似，但其尾較短。烏鶇以蹦跳的方式在平面移動，而椋鳥則是矯健地步行。椋鳥群居而棲，這也是其與烏鶇不同的地方。
季節特徵	繁殖季臨近結束時，椋鳥開始幾十幾百地聚集，到了冬天成千上萬的鳥兒集體營巢，在城市地帶過夜，因為那裏的氣溫會高於空曠的鄉村。這些鳥群也會集結來自北方的候鳥。
目	雀形目
科	椋鳥科
科西嘉島上的純色椋鳥	在這美麗之島上，紫翅椋鳥不復存在，取而代之的其同脈近親純色椋鳥，後者全身披着單一的黑色羽毛，沒有白色斑點，黃色喙嘴和深粉色雙腿是它的明顯特徵。純色椋鳥也會生活在伊比利亞半島以及馬格里布地區。它屬於留鳥。

紅皮

白羽頸環

長尾

棕紅色

雉雞

拉丁學名：Phasianus colchicus

 70-90 厘米

 全年

 森林、樹叢、樹籬

 所有地區

外形特徵	身材大小與家雞相似，雄鳥拖着尖而長的尾巴，頭部呈深綠色，頸上圍着一圈白毛，眼睛週圍的皮膚為紅色。雌鳥呈米色和褐色，毛色低調，尾部較長。常在較低空飛行，發出"撲撲撲"的鼓動聲，同時伴有"咯咯咯"的叫聲。雙翼較短較圓，飛行時快速撲打，飛行與滑翔交替進行。
聲音	飛行時發出"咯咯咯"的叫聲。雄鳥在炫耀時會發出如"koorkokk"的嘎吱聲，可在遠處聽見，快速又響亮，且伴有拍打翅膀的聲音。
食性	雜食鳥類：種子、漿果、嫩芽、節肢動物、軟體動物等。
易混淆鳥類	雌鳥可同山鷸混淆，但是其體形更大，尾巴明顯更長。
季節特徵	在冬季以群居為主，常常10隻左右聚成小群。每年都有成千上萬隻雉雞被放飛以供狩獵，由於缺乏野外生存經驗，大部分很快被擒。也因如此，每年初秋，會有較多膽大的雉雞外出活動。
目	雞形目
科	雉科
來自中世紀的野味	雉雞原產於亞洲，於中世紀被引入法國成為餐桌上的野味。在歐洲有多個雉雞品種，白羽頸環為重要的區分標誌，雄鳥的羽毛五顏六色，均偏暗色。

頰紋

帶橫紋的背部

暗色頰紋

帶黑點的棕紅色上體

雌鳥

雄鳥

尾端粗橫紋

長尾

紅隼

拉丁學名：*Flacon tinnunculus*

 71-80 厘米

 全年

 鄉村、城鎮、高山牧場、崖壁

 所有地區

外形特徵	身材修長的小型猛禽，尾部較長，呈灰色，雄鳥尾部末端有一條黑色的橫紋，雌鳥尾部也有橫條。雄鳥的頭部呈灰色，棕紅色背部帶着黑點；雌鳥則披着褐色的羽毛，上面帶有黑色橫條。眼下有淚痕狀的深色縱紋。雙腿為黃色。飛行時，雙翼長而尖，尾長。
聲音	稍帶鼻音的叫聲，如"kièkièkièkièkiè"。
食性	食取大量的無脊椎動物，也會捕食小型有脊椎動物，田間的田鼠以及城裏的老鼠和麻雀等。潛伏伺機捕獲獵物，或者進行"聖靈"飛翔，即在空中搜尋並直撲獵物，隨後突然飛回高空。
易混淆鳥類	與紅隼相比，雀鷹(p.96)身材更圓，雙翼更短。遊隼(p.100)則身材更大更肥壯，尾巴更短，羽毛為灰色和白色，頭部像戴了黑色的帽子。
季節特徵	冬季，隨着北方飛來的候鳥的加入，築巢群體擴大，但也有在法國的鳥兒飛向南方：在塞內加爾，甚至發現了在法國戴上腳環的紅隼！
目	鷙鷹目
科	隼科
巴黎的隼	紅隼通常在城市裏生活，包括那些大都市。在巴黎，它們在巴黎聖母院、凱旋門、大型火車站裏營巢，偶爾也會在居民陽台的花架上安家。

黑色頭頂

寬頰紋

尖翅

帶條紋的下體

遊隼

拉丁學名：Falco peregrinus

 95-110 厘米

 全年

 崖壁、城鎮

 所有地區

外形特徵	壯實的大型隼，頭頂有黑色帽狀物，並延長形成黑色的粗頰紋，背部呈灰藍色，尾巴下端較粗，有清晰的橫紋，雙翼較尖，翅端也較粗。下體羽毛呈白色，帶有清晰的黑色橫紋和斑點。雌鳥的體形比雄鳥更大。未成鳥上體呈褐色，下體帶有大量的深褐色斑點。
聲音	通常較為安靜。在窩巢週圍會發出短促的叫聲，如 "kya"。
食性	飛行時空中或水面上疾速沖向其它鳥類，將其捕獲。以鴿子、斑鶇、雲雀為食，冬季也會食取水棲類鳥以及小型水鴨。
易混淆鳥類	夏季，燕隼是森林之鳥，頭部呈黑色並帶有頰紋，尾下呈磚紅色；較遊隼更為修長，上體更偏黑色。
季節特徵	冬季，遊隼會離開其營巢的崖壁，來到水棲鳥和鴨子聚集的大型海灣，也會飛往匯聚著大量鴿子的城鎮。此外，很多成對的遊隼在里昂、圖盧茲等大型城市裏築巢安家。
目	隼形目
科	隼科
未來的巴黎居士	由於殺蟲劑脆化了其卵殼，遊隼在眾多法國大區銷聲匿跡了一段時間。如今，它們重回領地，如諾曼第大區，也開始在巴黎的各大城門附近營巢。

栗色帽狀頭頂

雌鳥

黑色帽狀頭頂

薄喙

雄鳥

通體灰色

黑頂林鶯

拉丁學名：Sylvia atricapilla

 20-23 厘米

 3 月至 10 月

 森林、樹叢、公園、樹籬

 所有地區

外形特徵	灰鶯，雄鳥頭頂像戴了黑色貝雷帽，而雌鳥和未成鳥的頭頂則是褐色。前額呈灰色。隱藏於樹葉叢裏。
聲音	歌聲悅耳，唱出一連串快速動聽的音符。叫聲乾澀，如 "tchèk"。
食性	以無脊椎動物和漿果為食。
易混淆鳥類	最顯著的特徵即黑色或褐色的頭頂。庭院林鶯全身灰褐色，沒有頭頂的帽狀物，眉紋不明顯，頸部兩邊分別煙灰色斑紋。
季節特徵	黑頂林鶯是飛越撒哈拉沙漠的候鳥，在薩赫勒越冬，但是一小部分鳥兒在氣候惡劣的季節也會留在歐洲或去往馬格里布地區。
目	雀形目
科	鶯科
現代越冬者	近幾十年，一些歐洲中部，尤其是德國的黑頂林鶯開始遷往西邊的英國越冬。對於有在非洲越冬傳統的鳥類來說，這種遷徙方式較為新穎。

黑色頭部

灰色下體

白色喉部

黑頭林鶯

拉丁學名：Sylvia melanocephala

 15-18 厘米

 全年

 灌木叢、灌木叢生的石灰質荒地、花園

 地中海地區

外形特徵	小型鳴禽鳥，上體呈灰色，下體白色，頭部黑色，眼睛週圍有一圈紅色皮膚。雌鳥毛色更暗，頭部呈深灰色。很少離開灌木叢，除了囀鳴等活動。
聲音	叫聲為典型的林鶯鳴叫，短促而有力，如 "trr-trr-trr-trr-trr……" 聲。
食性	以無脊椎動物和漿果為食。
易混淆鳥類	其它較稀有的鶯都披着灰色羽毛，頭頂呈黑色或深灰色，尤其是地中海地區的歌林鶯（其雄鳥眼睛呈黃色，週圍有一圈白皮）或是法國東部山區的白喉林鶯（其頭部呈煙灰色，背部為褐色）。
季節特徵	黑頭林鶯屬留鳥，在整個地中海地區都較為常見，從森林裏的灌木叢一直到住宅區附近的公園和花園都有它們的蹤影。
目	雀形目
科	鶯科
氣候變暖	冬季氣溫決定了黑頭林鶯在北部的分佈界限，當今氣候變暖使其逐漸擴大了北方的領地，一直延升到巴斯克海岸和羅納河谷。

洋紅色與黑色的雙翼

極長的雙腿

飛行時伸直的長頸

黑尖曲嘴

S形長頸

粉紅雙腿

大紅鸛

拉丁學名：Phoenicopterus roseus

 140-165 厘米

 全年

 鹽田、潟湖

 地中海地區

外形特徵	大型涉禽類鳥，腿長身高，頸甚長，飛行時伸直。毛色以洋紅色為主，雙翼覆羽處紅色更深，飛羽則為黑色。喙厚而短，且彎曲。雄鳥的體形比雌鳥大，這減少了交配時平衡的失調。
聲音	叫聲響亮，強有力，較刺耳，如"kra-ha"。
食性	以無脊椎動物為食，尤其是甲殼類，並由喙邊間層過濾飲得半鹹水。
易混淆鳥類	不易與其它鳥類混淆，除非被混於出逃的外來紅鸛中。
季節特徵	卡馬爾格地區是歐洲最大的大紅鸛集體繁殖地。一些法國紅鸛會飛往非洲的馬格里布地區或塞內加爾越冬。
目	紅鸛目
科	紅鸛科
潟湖的遊民	起初，大紅鸛在臨時的半鹹水潟湖營巢。後來，人類發現鹽以及相關鹽田，這為它們提供了未來繁殖的棲所。這樣一來，它們定居於此，但是仍具備遊民的潛質，為了尋找食物而進行遠距離跋涉。

認識鳥類

尖尾

黃色頭部

尖細的喙

白色軀幹

黑翅的尖端

北方塘鵝

拉丁學名：Morus bassanus

 165-180 厘米

 全年

 海上

 大西洋、以及較為罕見出現在地中海

外形特徵	大型鳥，尾長而尖，脖頸較長，喙粗而尖。身體呈白色，頭部為黃色，雙翼尖端呈黑色。未成鳥呈灰褐色，幼鳥的羽毛逐漸變白，最後長成成鳥。
聲音	在海上較為安靜。
食性	從十幾米的高度俯衝捕魚為食。
易混淆鳥類	身材明顯大於其它海鳥(海燕、鸌)，未成鳥會與海鷗的未成鳥混淆，但是它們體形更大，脖頸與尾巴更長，雙翼較長較尖，飛行時線路更直，會延水面滑翔。
季節特徵	阿摩爾濱海省的七島上生活着大群塘鵝。即使從大西洋、芒什海峽，甚至冬天的北海以及地中海的海濱觀察，人們也能看到它們在海上生活。
目	鵜形目
科	鰹鳥科
地中海的新居客	近年來，一些成對的塘鵝試着在地中海幾個港口定居，在從邦多勒到卡里勒魯埃的浮碼頭端上築巢。在駕船遊玩者以及鳥類學家的友好照顧下，它們偶爾也會在此哺育雛鳥直至其展翅飛翔。

額甲

白喙

通體全黑

骨頂雞

拉丁學名：Fulica atra

 70-80 厘米

 全年

 湖泊、池塘

 所有地區

外形特徵	身材與家雞一致，通體全黑，白色喙嘴延升至額甲。雙腿呈綠色，其爪分離，較有特點。未成鳥呈深褐色，面部、前頸以及胸部色淺，喙呈灰色。
聲音	類似小號鳴聲，響亮，如爆破音 "kiu"。
食性	以植物、水生無脊椎動物為食。通常棲於水面，偶爾上岸啃食草葉。
易混淆鳥類	易與黑水雞(p.108)混淆，後者的未成鳥呈褐色，但是肋部有白色斑點，且尾下有個倒 "V" 字斑紋。
季節特徵	成對的骨頂雞在水下水生植物結成的圓蓋上產卵，偶爾也會到蘆葦地邊上的露天產卵。到了冬季，骨頂雞在水面上匯聚成大群體，有時數量多達成百上千。它們若到河岸覓食，那也絕不會遠離河水，並且在危險突發時，會奔跑、振翅、喊叫着回到水裏。
目	鶴形目
科	秧雞科

栗色頭部　　淡色面部

灰色軀幹

雌鳥

紅棕色頭部

黑色胸部

灰色軀幹

雄鳥

紅頭潛鴨

拉丁學名：Aythya ferina

 72-82 厘米

 全年

 湖泊、池塘

 定點築巢者，冬季所有地區

外形特徵	小型潛水鴨，灰色軀幹，尾部和胸部呈黑色，雄鳥的頭部為紅棕色。紅眼，灰色和黑色組成的雙色喙。雌鳥毛色較淺，呈灰色和米色，且頭部、胸部和尾部更偏褐色。潛入水中覓食。
聲音	通常較為安靜。
食性	雜食鳥類，以潛水時捕獲水生植物、軟體動物或其它水生無脊椎動物為食，其潛水深度能達5米，且持續15至20秒。
易混淆鳥類	一些潛鴨的雌鳥較為相似，然而紅頭潛鴨的雄鳥是其中唯一有着紅色頭部和黑色胸部的潛鴨。
季節特徵	自20世紀遷至法國後，大約有3,000對紅頭潛鴨在法國營巢。冬季，成千上萬隻候鳥潛鴨的到來大大改寫了這個資料。
目	雁形目
科	鴨科
文森森林	到了冬季的白晝，在大型內陸湖泊的口岸，當這種鳥類進入睡眠休息狀態時，較易對其進行觀察。它們甚至會在巴黎文森森林裏的水面上越冬。

金黃色眼

冠羽

白色體側

鳳頭潛鴨

拉丁學名：Aythya fuligula

 67-73 厘米

 全年，冬季更為常見

 湖泊、池塘

 定點築巢者，冬季所有地區

外形特徵	小型黑色潛水鴨，體側白，長形冠羽披於身後，眼睛呈黃色，雄鳥的灰喙嘴尖處呈黑色。雌鳥呈褐色，有些面部呈白色。潛入水中覓食。
聲音	通常較為安靜。
食性	雜食鳥類，以水面或近水面處的水生植物為食，也會食取軟體動物（例如貽貝）、水生無脊椎動物。其飲食習慣隨着所在地變化而變化，而鳳頭潛鴨的數量也會根據當地食物數量而定（冬季，軟體動物多的大型內陸湖泊會吸引較多的鳥兒前來覓食、棲息）。
易混淆鳥類	若干種潛鴨的雌鳥較為相似，而鳳頭潛鴨的雄鳥因其獨特的冠羽而不易與其它鳥類混淆。
季節特徵	潛鴨是罕見的築巢者，但是到了冬季會有大量的鳥兒從北方飛來，到這裏的水面越冬。因此，它們是數量最多的潛水鴨之一。
目	雁形目
科	鴨科
水上紮營	同紅頭潛鴨一樣，到了冬季的白晝，在大型內陸湖的小口岸上，鳳頭潛鴨將頭埋入背部羽毛，漂浮睡覺時，常常是觀察它們的好時機。

紅喙與額甲

黃色嘴尖

白色短紋

白色尾部

認識鳥類

黑水雞

拉丁學名：Gallinula chloropus

 50-55 厘米

 全年

 濕地、湖泊、泥沼、水溝

 所有地區

外形特徵	黑色小型雞，尾下有白色倒 "V" 字紋，順體側的白色短紋形成長線。紅喙，嘴尖呈黃色，向上延伸至紅色的額甲。腿呈青黃色，趾較長。未成鳥呈深褐色，深灰色喙，體側以及尾下的白紋與成鳥一致。
聲音	叫聲為響亮的 "咕噠" 聲，躲藏在草木群裏，驚慌時發出短促的吱吱叫聲，如 "ttrrrii"，還有 "ki-ki ki-ki" 聲。
食性	雜食鳥類，以在淺水面或地面捕獲的植物、無脊椎動物為食，經常在河岸覓食。
易混淆鳥類	未成鳥與骨頂雞的未成鳥相似，但是後者體形更大、更壯實，且沒有尾下和肋處的白紋，趾間分離。
季節特徵	冬季，更易於觀察，在池塘或溝渠等水域的岸邊草地常能見到它們的蹤影。若不曝露於人們的視線中，則是躲在了蘆葦叢裏或懸於水面上的樹枝之下。
目	鶴形目
科	秧雞科
城市裏的蹤跡	水雞也會在城市裏的小水面上棲息，例如在巴黎，一直到鬧市區的植物園以及國家自然歷史博物館附近都能看到成對的黑水雞營巢。

深粉色

黑色頰紋

黑色與白色的翅膀

藍色羽毛

松鴉

拉丁學名：Garrulus glandarius

 52-58 厘米

 全年

 森林、樹叢、公園

 所有地區

外形特徵	橙紅色軀幹，雙翼與尾呈黑色和白色，翅膀上帶有金屬藍和黑色的橫紋。喙下有較寬的黑色頰紋。
聲音	叫聲粗獷，響亮的摩擦聲，如 "ccchhrr"，然而其歌聲則聲音較弱，如一串清脆而不連貫的音符。
食性	雜食鳥類，以種子、無脊椎動物和小型脊椎動物等為食。它們在鳥巢附近的出現會引起其它親鳥的警覺。
易混淆鳥類	由於其身材和顏色的特殊性，不易與其它鳥類混淆。松鴉會在城市中心出沒，在公園甚至道路兩邊的樹上棲息。
季節特徵	秋季，松鴉會運送種子以貯藏食物越冬，而到了冬季未必能找到這些食物。因此，它們為大自然散播種子，尤其是橡子。偶爾也會在吵鬧的鳥群裏互相觀察。
目	雀形目
科	鴉科
蟻浴	松鴉喜歡在陽光下於蟻穴上或附近伸展，螞蟻隨之爬上它的羽毛，為它清除寄生蟲以及死皮。

頭頂細紋

細喙

灰色

胸部細紋

斑鶲

拉丁學名：Muscicapa striata

 23-25 厘米

 4 月至 9 月

 露天植被地區、公園、林中空地

 所有地區

外形特徵	上體呈灰色，下體呈白色，胸部和頭部分別有數條深灰色細紋。常棲在一條閑枝、一塊路牌或是一棵小灌木頂上。
聲音	通常較為安靜，但會發出如"sit"、"zic"的尖聲，不易聽見；幼鳥則發出更加刺耳的叫聲。
食性	通過伏擊，捕獲空中或地面的昆蟲，以此為食，而後時常回到原地停立。
易混淆鳥類	該鳥羽毛色較淺較暗，其捕獵動作排除了與林鶯、柳鶯、麻雀雌鳥等其它淺灰色鳴禽類鳥混淆的可能性。
季節特徵	斑鶲是食蟲鳥，冬季飛往非洲覓食。在歐洲已較為罕見，即使在如下諾曼地大區等個別地區還大量存在，近 20 年來數量還是驟減了 2/3。這種鳥在科西嘉島較為常見，在所有露天區域甚至住宅區附近或低海拔地區都還能看到它們的身影。
目	雀形目
科	鶲科
斑姬鶲	這種斑鶲更為稀有，棲息於法國以及整個歐洲北部，遷徙時特別是 8 月底會大量聚集停留在這裏。它們的上體羽毛為褐色，黑色雙翼上有白色粗條紋，尾呈黑色，鑲有白邊。

冬季頭部的細紋

黃色喙

淺灰色背部

粉色雙腿

銀鷗

拉丁學名：Larus argentatus

 138-150 厘米

 全年

 崖壁與沿海城市、海灘、港灣、田間

 大西洋沿海地帶、芒什海峽、北海、巴黎

外形特徵	體形比海鷗大，銀鷗的成鳥羽毛呈煙灰色，翼間呈黑色。尾和下體呈白色。喙呈黃色，近端有一個紅色斑點，眼色淺。未成鳥呈褐色和白色，尾末有一條橫紋，喙黑，雙腿呈灰粉色。成鳥的羽毛須5年長成。
聲音	叫聲如一記大聲的"kio"，或者一串典型的鷗鳴："kyia kyia kyia kyia……"。
食性	以軟體動物、甲殼類、魚、捕魚廢棄物、沿海田間的蠕蟲等為食。
易混淆鳥類	背部和腿部的顏色能幫助區別成年海鷗的不同品種，而未成鳥的品種只有專家才能鑒別。銀鷗的背部呈淺灰色，雙腿呈粉色。
季節特徵	成千上萬來自歐洲北部的銀鷗來到法國的沿海地區越冬。
目	鴴形目
科	鷗科
巴黎之鷗	到了繁殖季節，銀鷗沿着長河順流而上，在例如巴黎城區或偶爾遠離塞納河等地營巢。在大型沿海城市裏，它們有時會在樓房的平頂上築巢。

細喙

深灰至黑色背部

範圍不明顯的黑色翼尖

黃色雙腿

小黑背鷗

拉丁學名：Larus fuscus

 135-150 厘米

 全年

 海濱、田間

 大西洋沿海地帶、芒什海峽、北海

外形特徵	背毛的顏色多變，根據不同群種從深灰到黑色變化不定，翅尖的黑色部分有時較難辨認。雙腿呈黃色。與本書介紹的其它鷗類相比，其體形更為細長，身材也相對較小。未成鳥呈淺咖啡色。
聲音	叫聲與銀鷗相似，更低沉。
食性	食性與銀鷗相像，但是更傾向於在海上覓食，尤其是冬季。
易混淆鳥類	易與大黑背鷗(p.114)混淆，後者體形更大更壯實，披着黑色外衣，雙腿呈粉色。不同鷗的未成鳥的具體品種則很難辨別。一些小黑背鷗的背毛比黃腳鷗深(p.113)。
季節特徵	冬季，來自歐洲北部和冰島的成千上萬隻小黑背鷗來到加斯科涅海灣越冬。該鳥類在內陸以及地中海較少見。
目	鴴形目
科	鷗科
波羅的海鷗	小黑背鷗的亞種在斯堪的納維亞北部以及俄羅斯歐洲部分營巢，它們被稱為波羅的海鷗。它們背部呈黑色，雙翼細長，是種飛往東非越冬的候鳥，有些甚至會單飛至非洲南部。

白色頭部

鉛灰色背部

黃色雙腿

白色很少，大部分呈黑色

黃腳鷗

拉丁學名：*Larus michahellis*

 140-158 厘米

 全年

 海濱、河流、港灣、城市

 地中海、大型河流、大西洋沿海地帶

外形特徵	外形與銀鷗很像，且棲所也與其一致，但主要在地中海盆地。黃腳鷗體形稍大，背部的灰色略深，且雙腿呈黃色。未成鳥呈咖啡色。
聲音	叫聲如一記大聲的"kio"，或者一串典型的鷗鳴："kyia kyia kyia kyia……"，聲音比銀鷗低沉。
食性	以軟體動物、甲殼類、魚、捕魚廢棄物、沿海田間的蠕蟲等為食。
易混淆鳥類	背部和腿部的顏色能幫助區別成年海鷗的不同品種，而未成鳥的品種只有專家才能鑒別。黃腳鷗的背部呈鉛灰色，較銀鷗(p.111)略深，且雙腿呈鮮黃色。
季節特徵	從夏季開始，黃腳鷗從地中海到大西洋沿海地區都有分佈。因此，我們能看到它們以小群體出現在銀鷗群中，在例如田間、旺代或諾曼第港口等地。
目	鴴形目
科	鷗科
大西洋的新客	近40多年來，黃腳鷗已經來到大西洋法國部分定居。還能在一些內陸的大型河流附近看到它們，甚至在巴黎大區，一兩對黃腳鷗在屋頂上營巢，這種景象在國家自然歷史博物館的植物園內尤為常見。

白色頭部，冬季如是

粗壯的喙嘴

黑色背部

黑色背部

粉色雙腿

白色翼尖

大黑背鷗

拉丁學名：Larus marinus

 150-165 厘米

 全年

 沿海船

 大西洋沿海地帶、芒什海峽、北海

外形特徵	歐洲最大最粗壯的鷗類，其喙厚，背部呈黑色，翼尖較大且呈白色，翅膀上長着最長的飛羽。雙腿呈淺粉色。
聲音	與銀鷗相似，但更低沉，略嘶啞。
食性	雜食、食肉鳥。以軟體動物、甲殼類、脊椎動物為食，其中包括春季其它海鳥的雛鳥。
易混淆鳥類	只易與一些北方的小黑背鷗(p.112)混淆，後者身披黑毛，與大黑背鷗較相似，但是大黑背鷗明顯更加壯實。成鳥的雙腿顏色也不同。未成鳥體形較大，體色比其它鷗類淺，尾部末端有一條暗色細紋。
季節特徵	即使在冬天也較少飛進內陸，極少在地中海沿海地區停留。會在如諾曼第(勒阿弗爾城市)等大型沿海城市營巢。
目	鴴形目
科	鷗科
大旅行家	不久前，若干對大黑背鷗來到摩洛哥南部西撒哈拉的一處瀉湖棲息。該鳥不僅是"開拓者"，也是位"大旅行家"，它是唯一也在北美洲築巢的歐洲鷗類。

鉤嘴朝上

飛行時伸長的脖頸

黑色軀幹

黃色皮膚

長尾

普通鸕鷀

拉丁學名：Phalacrocorax carbo

 130-160 厘米

 全年

 河流、湖泊、海濱

 所有地區

外形特徵	大型黑鳥，喉呈白色，頰無毛呈黃色。成鳥腿部上方有橢圓形白斑，大陸鳥到了夏季在面頰後方還有一道白色月牙紋。未成鳥呈深褐色，腹部毛色較淺。
聲音	叫聲為一種陰沉嘶啞的呱呱聲，遠離窩巢時較為安靜。
食性	以潛水捕魚為食。潛水前，常會將頭部沒入水中探視，像鼓足猛勁般縱身跳離水面隨後潛入水中。
易混淆鳥類	易與另一種體形更小的鸕鷀相混淆，常出現在法國的海濱而不會飛入內陸：它便是歐洲綠鸕鷀，其成鳥全身沒有白斑，頭頂有短毛組成的冠羽。
季節特徵	大量的北方鸕鷀，尤其是波羅的海鸕鷀來到法國越冬。大西洋上的鸕鷀更具留鳥習性。冬季，鸕鷀們在一些枯樹上成小群營巢，這些樹枝被鳥屎覆蓋而呈白色。
目	鵜形目
科	鸕鷀科
受調節的捕魚者	由於鸕鷀在未保護的養魚區內大量捕魚，它成為了法國鳥類數量受調整的目標，該調節視每年鳥類的數量而定，一般只針對大陸的鳥類亞種。

黑色面罩

短喙

白色項圈

黑色項圈

橙色爪子

劍鴴

拉丁學名：*Charadrius hiaticula*

 48-57 厘米

 全年

 海濱，小港灣，潟湖，泥潭

 沿海地區

外形 特徵	橙色爪子的小型雀類，上身呈亮棕色，下身呈白色，在胸部有一個黑色的項圈。臉部有黑色的面罩，額頭位置有白色的斑點。基部橙色的黑喙。幼鳥比成鳥更加黯淡，黑色由深棕色代替。
聲音	其鳴囀是悦耳，流暢的 "pi-yip" 聲，第二聲音節更加突出。
食性	在淤泥或淺水區域捕食水生無脊椎動物，通常是海生多毛類幼蟲，小型軟體動物和小型甲殼類。
易混淆 鳥類	其頭部黑白色的圖案也可在金眶鴴看到，金眶鴴的體型更小，更細長，有着黃色的爪子，細細的全黑的喙，棲息於河流的淺灘，採石場，淡水區。金眶鴴的眼睛週圍有明顯的黃色環，是長途遷徙者，冬天不可見。
季節 特徵	劍鴴是遷徙鳥類，大量在法國越冬。很少作為築巢者，卻全年可見，因為大量幼鳥不進行繁殖，因此留在法國的海濱。
目	鴴形目
科	鴴科

黑色的鳥冠

細細的喙

磚紅色的"耳朵"

白色的胸部

鳳頭鸊鷉

拉丁學名：Rodiceps cristatus

 85-90 厘米

 全年

 夏天在湖泊、池塘，冬天也在海濱活動

 可能所有地區

外形特徵	比較大型的水鳥，下身呈白色，上身呈黑色，面頰尾部長長的黑色和橙色羽毛組成的鳥冠加上黑色顱頂，構成典型的鬍鬚形狀。長脖子和匕首狀的粉色喙。在冬天，這些橙色的配色消失不見，面頰變成全白色的。
聲音	通常是寂靜無聲的，在向配偶炫耀的時候發出吼叫式的"rah-rah……"聲。
食性	小型魚類，也有一些水生無脊椎動物，通過潛水捕食。
易混淆鳥類	歐洲其它的鸊鷉更加罕見，體型更小，頭部兩側不出現同樣的橙色鳥冠。
季節特徵	春天結對活動，夏天多在湖泊和池塘活動。冬天在湖泊以及沿着海岸或平靜水域較淺的大海群體活動。
目	鸊鷉目
科	鸊鷉科
背上的幼鳥	一旦鳥蛋孵化，鳳頭鸊鷉將其幼鳥轉移到其背上，直到幼鳥能夠游泳。它們有着黑白色的條紋。

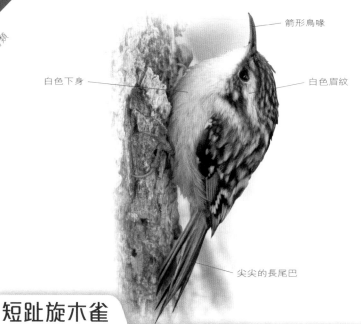

箭形鳥喙

白色下身

白色眉紋

尖尖的長尾巴

短趾旋木雀

拉丁學名：Gerthia brachydactyla

 17-20 厘米

 全年

 樹林、深林、公園

 所有地區除了東部山區

外形特徵	小型的棕色白色鳥類，長長的箭形鳥喙，白色眉羽。幼鳥與成鳥相似。借助其長尾巴，常常以螺旋狀，沿着樹幹，龐大的枝椏攀援而上。
聲音	其鳴囀是尖鋭的 "tii tii…" 聲。啼唱使人聯想起它的鳴囀，尖鋭、一成不變的短句 "ti touti tu-itti"。
食性	小型無脊椎動物，夏天冬天都在樹幹縫隙、樹皮下捕食。
易混淆鳥類	在法國有兩個旋木雀品種，常常通過其啼唱和生活習性進行區分。
季節特徵	在冬天，在森林或樹林裏不費力地加入山雀和戴菊鶯的圈子。
目	雀形目
科	雀科
森林旋木雀	該學生兄弟居住在奧弗涅，阿爾卑斯山脈和法國東部高海拔樹林裏。其鳥喙更短，眼睛前面的眉羽更明顯。其鳴囀是顫抖 "srriii" 聲，其啼唱讓人聯想到戴菊鶯的啼唱，"tsi tsi tsé tsé"，非常尖鋭。

白色眉羽

磚紅色脅部

條紋下體

白眉歌鶇

拉丁學名：Turdus iliacus

 33-35 厘米

 10 月至 3 月

 花園，籬笆，田野

 隨處可見

外形特徵	深棕色的小型斑鳩，裝飾着白色的眉羽和磚紅色的脅部。該配色在展翅飛行的時候非常顯眼。下身呈黑白條紋。從秋天起，幼鳥和成鳥更容易區別。
聲音	其鳴叫聲是一聲尖銳持續較長的 "tsiii"，特別在飛行的時候發出，在夜間遷徙的時候也會發出。
食性	多種多樣的大型無脊椎動物、幼蟲、軟體動物、昆蟲，在秋天和冬天，也取食漿果和水果。
易混淆鳥類	與歐歌鶇(p.120)相似，其既沒有白色的眉羽，也沒有磚紅色的脅部，以及其鳴叫聲更加短暫。
季節特徵	在法國只有冬天才出現，有時組成在田野、草原、果園覓食的大軍。鳥類從3月起向歐洲北部分散越冬。
目	雀形目
科	鶇科
冰島和芬蘭	大量在芬蘭鳥巢交配的白眉歌鶇曾在法國被驅逐，顯示出其起源的跡象。一些越冬的鳥類，在其胸部密佈着黑色條紋，屬於cobumi的亞種，其在冰島和費洛爾群島築巢。

均勻的面部

棕色背部

倒心型斑點

歐歌鶇

拉丁學名：Turdus philomelos

 33-36 厘米

 全年

 樹林，森林，公園

 所有地區

外形特徵	上身呈棕色，下身呈白色，點綴着水滴狀或倒心型的斑點。頭部相對均勻。橙色的鳥爪。有時暴露在草地上行走，並在高處枝椏上啼叫。
聲音	鳥鳴聲是一聲尖銳、短暫，金屬質地的"tic"，在遷徙夜間飛行的時候發出。其啼叫非常悅耳，由悠長音符短句組成或通常每次重複三次的節奏組成，比如"titi-titi-titi tiu-tiu-tiu pitia-pitia-pitia tutliti-tutliti…"。其通常在拂曉或黃昏啼唱。
食性	無脊椎動物，特別是幼蟲和蝸牛，漿果和水果。
易混淆鳥類	非常形似槲鶇，其體型更大，一身為毛灰色更深，在脅部有圓斑，其鳥鳴聲差別很大，讓人聯想的喋喋不休的人發出的雜訊"trr-trr-trr-trr"。
季節特徵	在森林、籬笆，直到城市公園，甚至山上築巢。在冬天，幾乎隨處可見，在草原、田野，其能夠藏身的籬笆週圍。大量的北方遷徙鳥類在法國度過這個糟糕的季節。
目	雀形目
科	鶇科
錘子和鐵砧	為了食取蝸牛，歐歌鶇將蝸牛殼撞擊石頭、矮牆。石板以將其打碎。如果你在你家花園的深處發現石頭上有一堆碎殼，那就是歐歌鶇像鐵砧一樣將其敲碎的。

碩大的喙

黑色頦

碩大頭部

栗色背部

短尾

錫嘴雀

拉丁學名：*Goccothraustes coccothraustes*

 29-33 厘米

 全年

 樹林、森林、公園

 可能隨處可見

外形特徵	成群的大型雀類，有着碩大的頭部和巨大的錐形喙。一身淺褐色的羽毛，黑色圍嘴和黑色眼眶，栗色的背部。雄鳥的羽翼呈黑白色，雌鳥的副飛羽上有灰色的平面。短尾，末梢呈白色。
聲音	鳥鳴非常短暫和尖銳，一聲幾乎聽不見的"pit"。啼叫聲由幾聲尖銳緩慢重複的音符組成，混入與鳥鳴相似的聲音。
食性	碩大的種子甚至蛋殼大小的種子，在夏天也食取無脊椎動物，尤其是毛蟲。
易混淆鳥類	任何鳥都不具有其構造以及鳥喙的尺寸。
季節特徵	在夏天，其常出沒於森林裏樹頂上，所以很難被發現。在冬天，多在食槽出沒但是數量不多。
目	雀形目
科	雀科
奇怪的引誘者	為了引誘雌鳥，雄鳥並不賣弄其啼唱，而是豎起、展開其脖子上的羽毛，使其顯得更加肥胖，或者延伸其羽翼，像企鵝那樣行走。

黑色頭帶

黃色喙

灰白色

飛行中脖子縮攏

黑色灰色的羽翼

長長的爪子

蒼鷺

拉丁學名：*Ardea cinereaise*

 175-195 厘米

 全年

 潮濕的環境、牧場

 所有地

外形特徵	大型的涉禽鳥類，有着灰色長爪子，長長的脖子，橙色匕首狀的長喙。白色的頭部，在眼睛後部着有黑色的發帶，背部呈灰色，下體呈白色，飛羽和尾巴呈黑色。幼鳥的頭部呈均勻的灰色。在飛行的時候，脖子收縮呈 S 狀，雙腿明顯超過了其尾巴。常隱匿於河邊或田野裏。
聲音	飛行的時候發出刺耳、強烈、爆發性的 "kraaa" 聲。
食性	通常食取魚類，但也食取無脊椎動物和其它小型水生脊椎動物(兩棲類)或小型陸地脊椎動物(田鼠)。
易混淆鳥類	冠毛呈白色，琵鷺和鸛在飛行時緊繃脖子，只有草鷺(p.124)和其尤為相似，不過草鷺更苗條，其顏色常常包含紅酒渣色和磚紅色。
季節特徵	品種全年可見，但歐洲蒼鷺前往非洲或在撒哈拉南部越冬。其在平靜或近水(湖泊、池塘、河流等)的樹上群居築巢。
目	鸛形目
科	鷺科
在茅利塔尼亞的學生兄弟	在茅利塔尼亞阿爾甘灣國家公園的藍鷺(ardea cinerea monicae)在土地上築巢。其顏色特別蒼白，接近白色，有時候被認作不同於蒼鷺的品種。在摩洛哥南部也已經發現了一些藍鷺。

橙色鳥冠　　　　　　　橙黃色鳥喙

白色

黑色的腿和爪

涉禽

牛背鷺

拉丁學名：Bubulcus ibis

 90-96 厘米

 全年

 潮濕的草地牧場

 潮濕的大型區域

外形特徵	小型的白鷺，脖子較短且粗壯，灰色或黃色爪子，橙黃色短喙。一身白色的羽毛，成鳥在繁殖的時候，鳥冠、胸部和背部呈橙色。飛行的時候，脖子縮呈S狀，腿伸展超過尾巴。幼鳥是全白色，灰色或黃色的鳥喙以及黑色的腳爪。
聲音	沙啞的鳴叫聲，"kra" 或 "k-raa" grainçants.
食性	通常食取昆蟲，在潮濕或乾燥的環境捕食，通常在有牲畜的草原。
易混淆鳥類	與白鷺相似(p.68)，特別是幼鳥，但牛背鷺更加肥胖，脖子更加粗壯，指頭與爪子不形成對照(白鷺的指頭呈黃色，爪子呈黑色)。通常在田野中部，牲畜附近活動，而白鷺通常在近水區域活動。
季節特徵	一些牛背鷺全年留在法國，其它的候鳥前往非洲越冬，直到南非都可以發現它們。在法國，其多出現在地中海地區，還有越來越大量的牛背鷺出現在大西洋沿海地區。
目	鸛形目
科	鷺科
長途旅行者	長途遷徙者，該品種實現了大量穿越大西洋來到新世界築巢。如今，其在墨西哥和美國築巢。

黑色鳥冠

黃色喙

紫紅色

鉛灰色

磚紅色

長腿

飛行時蜷縮的脖子

黯淡的羽翼

草鷺

拉丁學名：Ardea purpurea

 120-150 厘米

 4 月至 10 月

 沼澤，蘆葦地

 有可能所有地區

外形特徵	鉛灰色羽翼，磚紅色背部，紅酒渣色脅部。頭部有黑色鳥冠，細細的冠毛延長開去，前部有着黑白條紋的淺黃褐色脖子。長而窄的脖黃色鳥喙，灰黃色的爪子。飛行的時候脖子蜷縮成 S 狀，腳爪明顯超過了尾巴。
聲音	通常是寂靜的，在飛行的時候發出比蒼鷺更加沙啞尖銳的叫聲，是一聲沙啞而具有爆發性的 "krââ" 聲。
食性	通常食取水生昆蟲和魚類，有時候將蜷緊的脖子在水上較遠的位置伺機攫取獵物。
易混淆鳥類	與蒼鷺(p.122)尤為相似，但其體型略小，更苗條，色澤較黯淡，帶着磚紅色或紅酒渣色，而蒼鷺有三種顏色(白色、灰色和黑色)。
季節特徵	草鷺是長途遷徙者，其在蘆葦地築巢，極少在樹上築巢。在冬天，其佔領薩赫勒潮濕區域，通常群體遷徙。
目	鸛形目
科	鷺科
維德角半島的學生兄弟	在維德角半島的聖地牙哥島，一些形狀獨特的草鷺在那裏築巢，顏色特別蒼白，被稱為伯恩蒼鷺(Adea purpurea bournei)，一些專家認為其是完全另一個的種類。

白色臀部

叉形尾巴

白色喉部

球狀鳥巢

白腹毛腳燕

拉丁學名：*Delichon urbicum*

 26-29 厘米

 4 月至 10 月

 城市、村莊、峽谷、懸崖

 所有地區

外形特徵	上身呈黑色，下身呈白色的小型燕子，臀部呈白色。尾巴微微拱起。常群體活動。在房屋表面群體築巢，搭建球狀的閉合的切面，在裏頭哺育其幼鳥。
聲音	在飛行或在鳥巢裏的時候發出喉音吱吱叫聲，潮濕的 "prrrriii"聲。
食性	飛行時捕食小昆蟲。
易混淆鳥類	家燕(p.126)的臀部呈黑色，喉部呈磚紅色，成鳥的長羽翼帶着側邊。白腹毛腳燕在鄉村更常見。
季節特徵	白腹毛腳燕是遷徙鳥類，其在10月築巢群居，在9月離開，有時與其它燕子在電線上聚集。
目	雀形目
科	燕科
窗上之前在懸崖	白腹毛腳燕如今在建築物上築巢，其存在先於人類建築房屋。一些在懸崖築巢群居，該鳥類的原始居住環境很大程度地從人類發展中得益。

黑色臀部

發藍的黑色

紅色的面部

白色點點

長長末梢

家燕

拉丁學名：Hirundo rustica

 32-35 厘米

 4 月至 10 月

 牧場和農場農耕區域

 隨處可見

外形特徵	藍黑色的燕子，喉部和額頭呈磚紅色，兩側末梢延長開去的尾巴，雄鳥的尾巴更長。拉長的體型，長長的尖頭羽翼。幼鳥的尾巴弧度較小，喉部更加蒼白。
聲音	嘰嘰喳喳，有點前顎擦音"chué"的聲音，在飛行的時候也會發出"witt"的聲音。
食性	在飛行的時候捕捉小型昆蟲。
易混淆鳥類	白腹毛腳燕在飛行的時候露出明顯的白色臀部，以及不帶有長長側末梢的尾巴。
季節特徵	家燕在夏末聚集，有時在出發前往非洲之前，成千的家燕聚集在同一個鳥舍內，在那裏，它們能夠在冬天找到昆蟲。大多在西非，塞內加爾或加蓬越冬。
目	雀形目
科	燕科
農場	大部分的家燕夏天在農場的建築裏築巢，也在狹小的通道裏築巢，那裏允許它們進入敞開的馬廄或穀倉。

箭形長喙

鳥冠

黑白色背部和羽翼

戴勝

拉丁學名：Upupa epops

 42-46 厘米

4 月至 9 月

 小樹林，灌木叢，花園

 南半部

外形 特徵	體型大小如烏鶇，其有着三種顏色：橙色、黑色和白色。背部和羽翼上身呈黑白條紋狀，箭形長喙，尖部黑色的長羽翼，在其焦慮的時候豎起來，形成明顯的羽冠。裝飾着白色條形的黑色尾巴。
聲音	其啼唱與其拉丁名字很搭，一連串三個相同的音符，"oup oup oup"能夠傳得很遠。
食性	陸地無脊椎動物，其在行走的時候用其長喙捕食。
易混淆 鳥類	無易混淆鳥類，因為它的羽毛和外形在歐洲是獨一無二的。其陸地居住習性也是新穎的。
季節 特徵	戴勝在樹上或牆上的洞穴築巢。其在地中海區域分佈很廣，也在法國西部的農耕草原居住，還有一些在籬笆築巢。它們是遷徙鳥類，在冬天的時候前往非洲沙漠草原區越冬。
目	佛法僧目
科	戴勝科
瑞士 戴勝	瑞士科學家為一些戴勝裝配了光度記錄儀以研究它們的遷徙路線。在北非短暫停留後，這些戴勝來到了其越冬的荒漠草原。

細格的羽毛

無肉突

紅色肉突

無黑線

黑色線條

夏天的雌鳥

黑色尾巴

全白

冬天的雄鳥

岩雷鳥

拉丁學名：Lagopus mutus

 54-60 厘米

 全年

 淺草坪和鋪石子的地方

 阿爾卑斯山和比利牛斯山

外形特徵	小型雞型鳥類，一小塊黑色尾巴，在冬天全身雪白。在夏天，其身體呈細密條紋狀的棕色(雌鳥)，或灰色(雄鳥)和黑色，但其羽翼依然是白色的。雄鳥在眼睛前面有着黑色線條，在眼睛上方有紅色皮膚的肉突。其謹慎地呆在地面上，很少飛行，通過其羽毛進行偽裝。
聲音	雄鳥的啼唱是低沉的咕嗒叫，其先加速，然後降低再升高，在向其配偶炫耀的時候發出，一般是在早春時節。
食性	植食動物，食取植物嫩葉、種子、嫩芽和漿果。
易混淆鳥類	黑琴雞(雌鳥)會讓人聯想到雷鳥，但其生活在海拔較低的地方(在森林的上限)，其羽翼呈棕色而非白色。
季節特徵	在冬天，扒雪使得植物露出來，常出沒於有風的山頂，因為在那裏，積雪被清除。
目	雞形目
科	松雞科
寒冷的氣候	如果雷鳥在法國沒有找到海拔很高的地方，一般來說在 2000 米以上，其會在氣候更加寒冷處於海平面基準的國家生活，比如挪威或冰島。

紅色額頭

灰色頭部

栗色背部

條紋狀背部

條紋狀胸部

紅色胸部

雄鳥

幼鳥

赤胸朱頂雀

拉丁學名：Garduelis cannabina

 21-25 厘米

 全年

 農耕草原，高山牧場

 隨處可見

外形特徵	小型雀類，頭部呈灰色，背部呈栗色。雄鳥的額頭和胸部呈牡丹紅色。雌鳥和幼鳥的下身呈棕色條紋狀白色。尤其在冬天，常群體活動。通常在高大的植物和灌木叢捕食。
聲音	其囀鳴是一連串快速的音符"tiu tiu tiu"或"tititi"。其啼唱由略帶鼻音的音符重複的簡短短語構成。
食性	夏天食取無脊椎動物，冬天食取小種子，特別是禾本科植物的種子。
易混淆鳥類	讓人聯想到金絲雀，翠鳥幼鳥和金翅鳥，不過它們都沒有黃色或綠色的配色。
季節特徵	朱頂雀是誘惑者，其常在夏天出沒於花園，其在籬笆築巢，冬天的時候，它們在田野集合，在那裏，它們可以找到果腹的小種子。
目	雀形目
科	雀科
朱頂雀的頭部	為什麼叫這個名字？因為朱頂雀很不擅長掩蓋它的巢，讓人以為它忘記了捕食者能夠妨礙其築巢。這個名字短語的引申義與其缺乏記性的假設相關。

鐮刀刃的羽翼

棕色上體

叉形尾巴

白色腹部

蒼白色喉部

雨燕

拉丁學名：Apus melba

 54-60 厘米

 4 月至 9 月

 高山懸崖

 阿爾卑斯山，比利牛斯山

外形特徵	大型雨燕，喉部和腹部呈白色，由一個棕色的項圈分開。鐮刀狀的長羽翼，尾巴微微分叉。幼鳥和成鳥相似。
聲音	尖銳、悅耳的吱吱聲，常在築巢地點附近聽到。
食性	昆蟲和蜘蛛，在飛行的時候吞食。
易混淆鳥類	普通樓燕(p.131)體型更小，顏色稍黑，除了稍白的喉部，下身完全黯淡。在地中海邊緣的蒼雨燕，體型和普通樓燕一般大小，但是其羽毛的顏色是棕色的。
季節特徵	候鳥，其在熱帶非洲越冬。4月回來，9月10月間遷徙。在岩石裂縫築巢或在懸崖築巢。
目	雨燕目
科	雨燕科
伊斯坦布爾	該雨燕分佈較廣，在非洲(直至維德角)、中東築巢。在伊斯坦布爾，其佔據了整個城市的建築物，在那裏我們甚至在夜裏都可以聽見它的囀鳴。

蒼白的喉部

叉形尾巴

鐮刀葉片的翅膀

普通樓燕

拉丁學名：Apus apus

 42-48 厘米

 5 月至 8 月

 城市、鄉村、懸崖

 所有地區

外形特徵	體型比燕子更大，薄羽翼，尖部呈鐮刀刃狀，尾巴微微拱起。全黑成黑色，在飛行的時候白色喉部隱約可見。很少發現在房屋正面或屋簷下棲息。
聲音	其鳴囀尖銳而刺耳，有時在鳥群掠過屋簷表面沖向天空的時候，發出聲音。
食性	無脊椎動物，昆蟲和蜘蛛，在飛行的時候吞食。
易混淆鳥類	與燕子易混淆，但燕子體型更小，沒有其細長，也不是全黑的。樓燕振翅偏少，飛行總是很迅速。
季節特徵	長途遷徙者，當其完成哺育雛鳥之後，在 8 月前往非洲越冬。
目	雨燕目
科	雨燕科
不停歇的飛行	如果樓燕墜地，其短短的爪子不能夠使其重新起飛。這就是它從來不休憩的原因，除非是為了在高度足夠起飛的高處洞穴築巢。除了築巢，樓燕從來不棲息，它可以飛行上千公里，夜間飛行時，在高空盤旋的時候會合一會兒眼休息。

藍色上身

黑色鳥喙

極短的尾巴

橙色下身

普通翠鳥

拉丁學名：Alcedo atthis

 24-26 厘米

 全年

 湖泊、池塘、運河

 所有地區，除了山區

外形特徵	上身呈金屬藍，下身呈橙色。非常短的尾巴，長長的鳥喙，雄鳥鳥喙全黑，雌鳥和幼鳥的喙基部呈紅色。通常沿着水面直線快速飛行，就像一支藍色的"箭"。
聲音	其鳴囀是急促的 "tiiiii" 聲，在其，有時在鳥群掠過屋簷表面冲向天空的時候發出聲音。
食性	在隱蔽處伺機俯仰飛行攫取小型魚類。
易混淆鳥類	無易混淆鳥類，是西歐唯一的普通翠鳥。
季節特徵	將其卵產在河岸挖掘隧道的盡頭，冬天結冰時期，其遷移至南方。
目	佛法僧目
科	翠鳥科
重返巴黎	近年來，一些普通翠鳥重新在巴黎定居，證明塞納河的水質是最佳水質。2000 年末僅有兩對普通翠鳥在首都築巢。

黃色圓圈

橙色鳥喙

雄鳥

全黑

黃色和棕色的鳥喙

全棕色

雌鳥

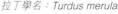

烏鶇

拉丁學名：Turdus merula

 34-38 厘米

 全年

 樹林、籬笆、花園

 所有地區

外形特徵	雄鳥一身全黑羽毛，鳥喙呈黃色，雌鳥一身棕色羽毛，鳥喙呈黃色和棕色。幼鳥與雌鳥相似，但是其羽毛有磚紅色斑點。常在地面活動，蹦蹦跳跳來移動，而非行走。
聲音	如笛聲般的啼唱，常在一天的開始和結束時聽到。有時候連續發出加強的洪亮警惕鳴囀"tii"。
食性	主要以幼蟲為食，也有軟體動物和無脊椎動物，漿果和水果。在林下灌木叢枯枝落葉層來掏取獵物。
易混淆鳥類	斑鶇有着白色帶黑色斑點的胸部。與棕鳥非常相像，其有着黑色羽毛，黃色的鳥喙，但是後者在地面上行走(不蹦跳)，而且身體和羽翼上總是有白色或棕色的斑點。它的尾巴也稍短些。
季節特徵	其全年可見，因此生活習性類型眾多(從樹林到城市)烏鶇也是候鳥，大量的斯堪的納維亞烏鶇前來歐洲南部越冬。
目	雀形目
科	鶇科

白色頭部

黑色背部

超長的尾巴

黑色頭帶

白色護翼

短喙

超長的尾巴

銀喉長尾山雀

拉丁學名：*Aegithalos caudatus*

 16-19 厘米

 全年

 森林、公園

 所有地區

外形特徵	黑白色的小型鳥，有着超長的尾巴。頭部呈白色，眼睛上有黑色的髮帶。經常以群體移動，個體通過鳴叫與群體保持聯繫。當一隻鳥換到另一棵樹上，其它的鳥都會跟隨它前往另外一棵樹。
聲音	有兩種類型的鳴叫，尖銳的 "tsi tsi……" 和 "trrtrrtrrtrrtrr……"，時而交替鳴叫。
食性	全年食取無脊椎動物，在冬天還會另外食取一些種子。
易混淆鳥類	無易混淆鳥類。其長尾巴的輪廓和顏色是極具特色的。
季節特徵	在城市公園築巢。在冬天，會組成10隻鳥的群體，在這期間，其常出沒於食槽。
目	雀形目
科	山雀科
北歐入侵	在2010年至2011年冬天期間，頭部全白的鳥群幾乎出現在歐洲西部的所有地方。這些鳥類是山雀的亞種，其在斯堪的納維亞直至俄羅斯築巢，直至那時從未在法國被發現該鳥類。

綠色背部
藍色鳥冠
黑色頭帶
黃色下體
黑色豎紋

藍山雀

拉丁學名：Cyanistes caeruleus

 17-20 厘米

 全年

 樹林、森林、公園、花園，甚至城市

 所有地區

外形特徵	小型山雀，有着藍色的羽翼和尾巴，背部呈淡綠色，頭部呈白色，藍色鳥冠，眼睛上有黑色頭帶。下身呈黃色，在胸部中央有一條細細的黑劃線。
聲音	其鳴囀為"ti ti ti trrtrrrrr……"，啼唱為"tsi tsi tsi tsutututututu-tutu"，與其它的山雀的聲音不同。
食性	昆蟲和蜘蛛，夏天經常食取毛蟲，冬天則食取種子和小水果。
易混淆鳥類	易與大山雀(p.136)混淆，其背部呈綠色，腹部呈黃色，但是頭部呈黑色，臉頰呈白色，在腹部有寬寬的線條。
季節特徵	輕鬆佔領孵籠，在冬天經常出沒於食槽，偏愛油脂球和瓜子。
目	雀形目
科	山雀科
六種"藍"山雀	馬格里布蘭山雀(ultramarinus)，有着深藍色的鳥冠，組成了一個比歐洲藍山雀更加古老的品種，再加上其它4個在卡納利群島築巢的"藍"山雀亞種：teneriffae(特內里費島、大加那利島)，ombrosius(耶羅島)，degener(蘭索羅特島、富埃特文圖拉島)，以及palmensis(帕爾馬島)。

細細的黑帶紋

黑色頭部

白色臉頰

雌鳥

雄鳥

黃色下體

寬寬的黑帶紋

大山雀

拉丁學名：Parus major

 22-25 厘米

 全年

 樹林、森林、公園、花園甚至城市

 所有地區

外形特徵	大型山雀，有着黑色的頭部，白色的臉頰，黃色的腹部，以及黑色寬劃線，雌鳥的劃線更窄一些。背部呈綠色。羽翼呈藍灰色。鳥喙和爪子呈黑色。
聲音	鳴囀多變，比如"ti-tchu"，啼唱也是多變的，重複兩個或三個音符"ti-tu ti-tu ti-tu……"，"ti-ti-tu-ti-ti-tu……"。
食性	食取無脊椎動物，毛蟲，鞘翅目昆蟲和蜘蛛。夏天食取大量的種子。
易混淆鳥類	易與藍山雀(p.135)混淆，其體型更小，在眼睛上身有黑色的劃線，以及藍色鳥冠，經常在冬天被混淆。
季節特徵	輕鬆佔領孵籠變為己用，在冬天經常出沒於食槽，偏愛瓜子。
目	雀形目
科	山雀科
芽、毛蟲和山雀	大山雀是對嫩芽發芽和植食性毛蟲大量繁殖等多樣性氣候所產生串級效應科學研究的對象，這些效應慢慢地將鳥類產卵的日期挪後並降低了繁殖的成功率。

黑色鳥冠

黑色項圈

均勻棕色上身

黑色圍嘴

冠山雀

拉丁學名：*Lophophanes cristatus*

 17-20 厘米

 全年

 針葉樹林

 所有地區

外形特徵	小型的棕色山雀，頭部呈黑色細細點綴的白色，頭部有美麗的藍色鳥冠。成鳥的眼睛是紅色的，但是不容易看見。多在針葉樹上活動。
聲音	啼唱剛開始是一些尖銳的音符，讓人聯想的"si si"或"sisi si"的鳴囀，接着是典型的帶顫音，悅耳的吱吱聲，"iu-iu-iu-iu-iu……"。
食性	以昆蟲和蜘蛛為食，在冬天的時候也食取松果。貯存種子和無脊椎動物越冬。在冬天，常加入山雀、戴菊鶯和旋木雀的圈子內。
易混淆鳥類	無易混淆鳥類，不過生活習性與煤山雀相同，但煤山雀無棕色，也無鳥冠。
季節特徵	在深林築巢，僅罕見地出沒食槽。
目	雀形目
科	山雀科
酷似背部的面部	面部黑白色圖案幾乎以同樣的方式出現在背部，這使得該鳥擁有相同的面部和背部，這讓想要抓住山雀的捕獵者感到困惑。

白色面頰　黑色頭部
灰色背部

煤山雀

拉丁學名：Periparus ater

 17-21 厘米

 全年

 樹林、森林和湖泊的針葉樹類

 所有地區

外形特徵	小型的黑白色山雀。黑色頭部，白色面頰，在頸背有白色的斑點。深灰色的背部，黑色羽翼上有兩條白色的帶狀。下身呈白色。幼鳥與成鳥相像。有可能因為總是棲居在松葉林，幾乎是與外界隔絕。
聲音	啼唱為有節奏的兩個音符"itiu-itiu-itiu"或"tchué tchué tchué"。
食性	昆蟲成蟲和幼蟲，蜘蛛，在秋天、冬天也食取種子，特別是針葉植物種子。
易混淆鳥類	與大山雀易混淆(p.136)，但是煤山雀的背部是深棕色的，而其腹部是白色的而非黃色。
季節特徵	如果食槽距離它們棲居的針葉林較近的話，冬天常出沒於食槽。
目	雀形目
科	山雀科
阿特拉斯的不期而遇	在法國的山林裏常可以邂逅煤山雀，這是因為在那裏有很多的冷杉和雲杉，但它們極不喜歡寒冷氣候，因此還可以在北非的阿特拉斯樹林中看到煤山雀。

黑色顱頂

棕色上體

黑色圍嘴

沼澤山雀

拉丁學名：*Poecile palustris*

 18-20 厘米

 全年

 闊葉樹林、森林

 所有地區

外形 特徵	黑色顱頂和小圍嘴的亮棕色山雀。下身呈白色。有一個碩大的頭部。幼鳥與成鳥區別明顯。
聲音	發出最多的鳴囀是重複的 "pitiu"，"pitiou tététété"，帶鼻音的"tchcha tchcha……"聲。啼唱很多變，甚至一隻鳥可以發出五種不同類型的啼唱，有些能讓人聯想到同一種鳥在鳴叫。
食性	夏天食取昆蟲和蜘蛛，冬天食取種子、漿果和山毛櫸果。
易混淆 鳥類	在一些山林或法國東部，特別是潮濕的樹林或針葉林遇到的褐頭山雀非常相似。褐頭山雀的羽翼上有着蒼白色的標誌，黑色圍嘴更寬，但這兩個種鳥更容易通過鳴叫聲來區分，這是專家的事情。
季節 特徵	在古老的樹幹築巢，通常是蛀壞的樹木。冬天常在食槽出沒，但從來不會結群出現。
目	雀形目
科	山雀科
明顯的 衰落	它們是闊葉老林的專家，利用那裏的枯木使它們能夠鑿巢，由於樹脂樹林的更新和延伸，至少20年來，褐頭山雀在法國經歷着明顯的衰落。

灰色頭部

叉狀尾翼

指狀尖部

黑鳶

拉丁學名：*Miluus migrans*

 160-180 厘米

 3 月至 9 月

 江河、平原

 所有地區

外形特徵	大型猛禽類，體型跟鵟一般大小，矩形羽翼，叉狀尾巴。深棕色的羽毛，在羽翼上部呈蒼白色區域。爪子以及鳥喙基部呈黃色。常翱翔，擺動尾巴以穩定下來。
聲音	通常是寂靜無聲的，但在炫耀的時候發出高亢的顫音。
食性	食取無脊椎動物和小型脊椎動物，也食取動物屍體，是一個機會主義的捕食者。
易混淆鳥類	另外一種在法國築巢的鳶，紅鳶，其磚紅色尾巴更長，弧度更大，頭部呈灰白色，兩隻羽翼下方有一處白色的斑點。
季節特徵	黑鳶是遷徙者，其前往非洲越冬。第1批在3月回歸，遷徙在8月和9月開始。
目	隼形目
科	鷹科
殺鼠藥的受害者	因為食取在田野發現的死田鼠-真正的鼠藥受害者-每年都有10多隻鳶因中毒而死。該毒藥正在造成在法國築巢黑鳶的大量死亡。

蒼白色眉羽

碩大的喙

灰色頭冠

栗色頸背

雌鳥

雄鳥

家麻雀

拉丁學名：*Passer domesticus*

 21-26 厘米

 全年

 靠近人群處

 所有地區

外形 特徵	黑色條紋點綴的棕色背部，雄鳥鳥冠和圍嘴呈黑色，頸背呈栗色。雌鳥色澤更加黯淡，其棕色頭部上，有着淺褐色的眉羽。幼鳥與雌鳥比較相似。在地上蹦蹦跳跳，通常在建築物或在小灌木上覓食。膽子比較小。
聲音	典型的吱吱叫聲，"tchiep"，或" tchlip"。
食性	食取種子、麵包屑，在繁殖期為了哺育雛鳥，也食取昆蟲和昆蟲幼蟲。常出沒於食槽，也食取公園和花園裏的食物，相對的機會主義者。
易混淆 鳥類	與麻雀(p.142)相似，但後者白色面頰上有黑色斑點，其鳥冠呈棕色。
季節 特徵	它的鳥巢是乾草製成的大球，掩藏在屋簷、柱子下，甚至是在室內。幼鳥起飛時候，它們會組成一個群體，多為10幾隻鳥組成的鳥群。
目	雀形目
科	麻雀科
麻雀消失 在倫敦	在歐洲北部大部分國家的首都發現20年來麻雀數量在大量地減少，倫敦也有相同的情況，毫無疑問，這是由於可築巢地點和城中心昆蟲的消失而造成的。所幸，在巴黎，麻雀並沒有減少。

141

栗色帽子

黑色斑點

麻雀

拉丁學名：Passer montanus

 20-22 厘米

 全年

 建築物和農耕地混合區域

 所有地區

外形特徵	有着栗色帽子的麻雀，其白色面頰中間有白色斑點。雄鳥和雌鳥的模樣相似。
聲音	"tschelp"或"tschilp"的吱吱叫聲，通常在起飛的時候發出一連串"têtêtêtêtê"的聲音。
食性	在地面覓食，食取種子，尤其是禾本科植物和五穀的種子，在夏天也食取昆蟲和昆蟲幼蟲。
易混淆鳥類	與家麻雀(p.141)雄鳥非常相似，不過其鳥冠是均勻的棕色，兩頰有黑色斑點。
季節特徵	冬天常在食槽出沒，並使用孵籠，但是這種情況變得越來越少了。
目	雀形目
科	麻雀科
有計劃地消失？	麻雀喜歡在有人居住的區域活動，在那附近它們可以找到牧場和穀類耕地，這樣就有大量的種子。農業的加強、城市化、多種栽培的放棄不斷地改變着麻雀的生活習性，與西歐其它地方一樣，在法國麻雀正處在一個嚴重的衰落期。

藍色頭部

雄鳥

黑色羽翼

紅色下體

橙色短尾

白背磯鶇

拉丁學名：*Monticola saxatilis*

 33-37 厘米

 4 月至 9 月

 多石高地海拔

 阿爾卑斯山，中央高原

外形特徵	一種小型烏鶇，雄鳥有三種顏色，藍色、白色(背部)和紅色(腹部)。雌鳥的鱗狀羽翼灰色更深，尾巴短短的，呈磚紅色，跟雄鳥的尾巴一樣。淡橙色的腹部有着黑色的斜條紋。多在地面、岩石或多石高地活動。
聲音	啼叫聲由簡短悦耳如笛聲般啁啾的句子組成，讓人聯想到石鵬，有時會模仿。警報鳴囀是笛聲般的"vuit"。
食性	通常食取昆蟲(鞘翅目昆蟲、直翅目昆蟲和毛蟲)，也食取地面找到的漿果。
易混淆鳥類	與藍磯鶇易混淆，但是後者身上沒有橙色。白背磯鶇生活在海拔很高的地方，在冬天的時候消失不見，即使它可以在遷徙過程中在低海拔處停留。赭紅尾鴝(p.163)也有着磚紅色的尾巴，但其體形更小，全身呈灰色或黑色。
季節特徵	候鳥，其在8月離開其築巢的多石高地，前往撒哈拉南部越冬。並在4月份返回歐洲。
目	雀形目
科	鶲科
不是烏鶇	長期以來白背磯鶇和藍磯鶇一起被認作是烏鶇，但實際上與烏鶇和斑藍磯鶇相比，白背磯鶇與石鵬血緣更親。

黑色頭部　　　紅喙

白色羽翼

白色羽翼

紅色腿部

黑頭鷗

拉丁學名：*Larus melanocephalus*

 90-100 厘米

 全年

 潮濕區域，海濱，河流，小港灣

 有可能全部區域

外形特徵	白色的小型海鷗，羽翼上部和背部呈淡灰色。鳥喙和爪子呈血紅色。夏季，頭部有黑色的帽子，眼睛週圍有兩條細細的白色月牙紋。冬季，白色的頭部上，眼睛後有灰色的面罩。成鳥的羽翼末梢呈白色，雛鳥的尾巴末梢呈黑色。常與紅嘴鷗結伴活動。
聲音	有時發出哀怨的鳴囀，讓人聯想到貓叫，跟紅嘴鷗的鳴囀相比，鼻音更明顯，顫音更弱。
食性	夏天食取地面和水棲無脊椎動物，冬天食取魚和水生軟體動物。
易混淆鳥類	讓人聯想到紅嘴鷗(p.145)，其數量更豐富，頸背上的帽檐更長，呈黑色而非栗色，鳥喙更厚，成鳥有特點的白色羽翼。
季節特徵	在繁殖期，多在潮濕的內陸發現黑頭鷗，在冬天則更容易在海濱發現它們，特別是在北部和西部的沿海地區。
目	鷗形目
科	鷗科
來自烏克蘭的殖民者	在紅海北部數量豐富並很快佔領了歐洲。自1965年定居法國以來，其現存數量有幾千對。大量黑頭鷗佩戴編碼塑膠腳環，以便於能夠遠距離將識別它們並跟蹤它們的行動。

栗色帽子

夏季

黑色翼尖

白色外翼

黑色圓斑

紅黑色鳥喙

冬季

紅色雙腿

紅嘴鷗

拉丁學名：Chroicocephalus ridibundus

 100-110 厘米

 全年

 水棲

 全部區域

外形特徵	體型比海鷗小，身體呈白色，背部呈淺灰色，夏天的時候，頭上有深棕色的帽子。羽翼的尖部有着黑色突出的白色劃線。在冬天，頭部呈白色，在眼睛後面有一塊黑色的斑點。爪子和鳥喙呈紅色。雛鳥的羽翼顏色是混雜的，在尾巴的末端有細細的黑色線條，以及尖部呈黑色的橙色鳥喙。
聲音	其鳴囀是一種帶鼻音，嘈雜嘹亮的笑聲，"rrrraaaah"，常常拖長聲調。
食性	主要食取地面和水棲昆蟲和蠕蟲。在地面邊走邊覓食，短暫飛行之後紮入水下。在公園裏，食取散步者扔出的麵包。
易混淆鳥類	易與黑頭鷗(p.144)混淆，但紅嘴鷗成鳥的鳥冠呈棕色，並止於頸背上部，羽翼的尖部不是白色的。幼鳥非常相似，而黑頭鷗幼鳥更粗笨一些，尖部呈黑色的灰色鳥喙更厚，雙腿呈灰色。
季節特徵	全年可見，大量的北方鳥類前來法國越冬。比如，一隻來自立陶宛帶編碼腳環的鳥於2010年和2011年在巴黎的杜伊勒里宮越冬。
目	鷗形目
科	鷗科
加斯冬海鷗	安德列‧弗朗坎在紅嘴鷗的靈感啟發下，創作了搗蛋鬼加斯東‧拉格菲。紅嘴鷗看起來老愛生氣，但它很愛笑，這有助於加斯東扮演鬧劇。

145

橙色的粗大鳥喙

粉色雙腿

灰雁

拉丁學名：Anser anser

 150-180 厘米

 全年

 沼澤、潮濕的牧場，大湖泊

 有可能全部區域

外形特徵	灰色笨拙的大型鵝，有着橙色的碩大鳥喙和粉色的爪子。在飛行的時候，羽翼的上面呈淺灰色。常在靜水區廣闊平坦的週邊群體活動。成鳥的鳥喙末端(小鈎)呈淺色，幼鳥則呈深色。
聲音	最常見的是有力的，拖長調的 "Gang gang" 聲。
食性	以水面上或地面上的非木本科植物為食。食取牧場的草料、禾本科的嫩芽、根部和塊莖。
易混淆鳥類	與其它越冬的灰色雁相比，灰雁(有着白色的額頭)比白額雁(更加灰暗，黑色和橙色的鳥喙以及橙色的雙腿)更常見。短喙的雁很罕見(帶粉色條狀的黑色鳥喙，粉色的雙腿)。
季節特徵	有幾十對灰雁在法國築巢，但在冬天的時候，上千的斯堪的納維亞或德國灰雁飛躍法國前往西班牙或留在法國越冬，在法國，灰雁是被獵捕的。我們能在多個潮濕地區的主要自然保護區發現它們，特別是在海濱附近或在香檳湖。
目	雁行目
科	鴨科
狩獵大雁	在公共海域的狩獵開始於2011年8月的第一個週末，遷徙大雁差不多在10月中旬到達，相隔2個半月，一些法國築巢、被解除保護的大雁以及它們的幼鳥可以被當作狩獵目標。

橙色面部

灰色

栗色斑紋

棕色條紋

雄鳥

雌鳥

深暗的斑痕

幼鳥

灰山鶉

拉丁學名：Perdix perdix

 45-48 厘米

 全年

 農耕平原

 尤其在北部一半地區

外形特徵	灰色的圓圓的，體型較小的雞，頭部呈橙色，腹部有深暗色的斑點，形狀如同倒置的馬蹄鐵。雄鳥的顏色比雌鳥鮮豔。幼鳥呈灰白色。只有一個可辨別的標誌：尾巴磚紅色的邊緣，在飛行的時候明顯可見。振翅非常快，與弧形滑翔交替進行。
聲音	雄鳥的啼唱是粗野、刺耳、悠長的"chèrrrrêk"聲。
食性	通常食取植物類，如嫩葉，種子，但偶爾也食取一些無脊椎動物。
易混淆鳥類	鵪鶉體型更小，非常隱蔽，幾乎從未在公開地被發現過。紅腿鷓鴣(p.148)的羽毛不一樣，即使這兩種小山鶉很相似，常常在成鳥的陪伴下活動(除了被放飛用於狩獵的幼鳥群體)。
季節特徵	灰山鶉全年可見，但在秋天數量更豐富，在秋天小山鶉組成鳥群，在狩獵結束的時候會有上千的幼鳥被放飛。
目	雞形目
科	雉科
山裏的山鶉	一些灰山鶉還留在比利牛斯山和喀斯山脈(通常來説這是困難的)。灰山鶉非常罕見，瀕臨滅絕。

紅色鳥喙

灰色背部

菱狀側面

有條紋的胸甲

紅腿鷓鴣

拉丁學名：*Alectoris rufa*

47-50 厘米

全年

農耕平原，叢林

南部一半地區除了山區

外形特徵	體型和輪廓如同灰山鶉，但有着磚紅色、灰色和白色的菱狀側面，頭部在眼睛上有圍繞喉部一圈的黑色線條，由黑色細條紋組成的胸甲加以突顯。紅色的鳥喙和爪子，在地面行走，常在高大植物的邊緣活動，在那裏，其既能夠躲避也能夠擁有廣闊視野。飛行的時候可以看見尾巴上的磚紅色標記。
聲音	雄鳥的啼唱是一連串嘶啞的短鳴，一分鐘內多次重複："chok chok chok chokoc-chokorr"。
食性	通常食取葉子、種子、根，但春天和夏天也食取一些昆蟲。
易混淆鳥類	紅腿鷓鴣和灰山鶉幼鳥極其相像，很難在成鳥不在的時候將它們區分開來。紅腿鷓鴣是一種典型的地中海叢林鳥類，其已經適應北部大量的農耕平原的氣候。
季節特徵	留鳥類，更容易在秋天很多飼養鳥類，很少是野生的，被放飛用於狩獵的時候被發現。
目	雞形目
科	雉科
歐石雞	在山上多石子的坡上，樹林邊界的上方，沒有紅腿鷓鴣，取而代之的是歐石雞，它們尤為相像，但歐石雞沒有深暗條紋的胸甲。歐石雞在冬天的時候常常下到比氣候較溫和的海拔處，但一直留在山上。

認識鳥類

綠色頭部

全綠

紅色鳥喙

長長的綠尾巴

紅領綠鸚鵡

拉丁學名：Psittacula krameri

 42-48 厘米

 全年

 城市和城市週圍

 大城市

外形特徵	大型綠色虎皮鸚鵡，有着黑色的項圈，和20厘米多的長尾巴。紅色鳥喙，雄鳥的頸背成藍色和粉色。在城市的公園和花園裏群居生活。
聲音	該虎皮鸚鵡是喧鬧的，在飛行或停穩的時候均發出特別嘹亮、一連串 "kiiv" 或 "kiiev" 的聲音。
食性	植物：芽、嫩枝、水果、種子；也常在食槽出沒。
易混淆鳥類	在歐洲的一些大城市，例如布魯塞爾和巴賽隆納，其他鸚鵡成功地適應了氣候：和尚鸚鵡，其顏色也是綠色的，但沒有項圈，頭部呈灰色，鳥喙呈蒼白色，尾巴更短且呈藍色。
季節特徵	紅領綠鸚鵡在樹洞裏產卵，不會有遇到來自印度和非洲在平地吃幼鳥樹棲蛇的風險。這就解釋了即使氣候嚴峻，其仍然在法國成功適應氣候的原因之一。
目	鸚形目
科	鸚鵡科
印象深刻的鳥舍	大量紅領綠鸚鵡被帶入大城市，在這裏，它們夜裏在鳥舍群集合，通常上百隻鳥群居，其中偶爾也有來自飼養篩選的罕見藍色個體。

紅色或黑色的頸背 ——

黑色鬍子

白色背帶

腹部下面紅色

大斑啄木鳥

拉丁學名：Dendrocopos major

 34-39 厘米

 全年

 公園的樹上，樹林和籬笆

 所有地區

外形 特徵	黑白色的小啄木鳥，尾巴上部呈紅色。雄鳥的頸背呈紅色，雌鳥呈黑色。雙肩各有白色寬背帶。沿着樹幹，大枝椏，通過尾巴堅硬的羽毛豎直攀爬而上。
聲音	叫聲是 "tjièk" 或 "tjik"，有點像吼叫，有爆發力。啄枯死的樹幹或樹枝，半秒鐘可以啄10至15下。
食性	食取無脊椎動物，在樹幹和樹枝上找到的昆蟲和它們的幼蟲，也食取種子和乾果，有機會的時候，也食取鳥蛋和雛鳥。
易混淆 鳥類	易於法國其它黑白色的小型啄木鳥混淆。小斑啄木鳥身形相對較小，體型如同鴝，常在公園出沒。中斑啄木鳥更罕見，喜歡幾百年的老橡樹林-其鳥冠全紅，兩側則呈黑色條紋狀。白背啄木鳥，在比利牛斯山梁極其罕見，背部有黑白色的條紋，肩上無白色背帶。
季節 特徵	冬天有時出沒於食槽，通常是為了尋找果殼果實或油脂。
目	鴷形目
科	啄木鳥科
波狀 飛行	啄木鳥的飛行是間斷性連續振翅，在這期間，啄木鳥往高處飛，接着是滑翔階段，其稍稍下降，這就形成了典型的波狀飛行姿態。

紅色鳥冠

綠色上體

黑色面部

歐洲綠啄木鳥

拉丁學名：*Picus viridis*

 40-42 厘米

 全年

 樹林、公園和花園

 所有地區

外形特徵	歐洲綠啄木鳥有着黑色的臉部，紅色的鳥冠以及鬍子，雄鳥鬍子呈紅色，雌鳥鬍子呈黑色。飛行時可見鮮黃色的大臀部。眼睛呈白色。幼鳥鱗狀更加明顯，鳥冠呈紅色。
聲音	極少敲擊。雄鳥的啼唱是一種吵鬧的笑聲，一連串口音不變的"klu klu……"，鳴叫時，是鼻音更重的"klié"。
食性	主要食取螞蟻，成蟲和幼蟲都吃，通常借助它長長的具有黏性的可自由收縮的喙在地面捕食。常在地面活動，有時在田野中央活動。
易混淆鳥類	灰頭綠啄木鳥也呈綠色，但頭部呈淡灰色，沒有黑色的面部，雄鳥有紅色鳥冠，雌鳥有灰色鳥冠，淺黃色臀部，顏色對照更不鮮明。灰頭綠啄木鳥在法國的數量已經明顯減少，變得尤為罕見。
季節特徵	歐洲綠啄木鳥是留鳥，在其鑿開的樹洞裏產卵，極少甚至不出沒食槽。
目	鴷形目
科	啄木鳥科
夏普啄木鳥	在比利牛斯山梁和朗格多克 - 魯西永地區，歐洲綠啄木鳥臉部不呈黑色，啼唱更加響亮。在伊比利亞半島遇見的屬於夏普亞種，它可能是一個完整的種類。

藍色或綠色光澤

黑白色羽翼

長尾巴

喜鵲

拉丁學名：Pica pica

 52-60 厘米

 全年

 鄉村、城市

 所有地區

外形特徵	黑白色的長尾鴉科鳥。頭部和脖子呈黑色，尾巴呈黑色，有着綠色的光澤，羽翼基部呈黑色，爪子是黑色點綴的白色。常在樹頂捕食。帶有振翅和滑翔的直線飛行。
聲音	鵲，"cha-cha-cha-cha……"帶擦音的響亮叫聲。
食性	機會主義的雜食性捕食者；水果、昆蟲（多是鞘翅目昆蟲）、蠕蟲，有機會的話，也食取動物屍體、鳥卵和雛鳥。
易混淆鳥類	唯一的黑白色、長尾巴的鴉科鳥，所以不會被混淆。
季節特徵	留鳥，在糟糕的季節，它們會組成小小的群體，但相比小嘴烏鴉、禿鼻烏鴉和寒鴉，這些群體規模算是較小的。
目	雀形目
科	鴉科
城市喜鵲和鄉村喜鵲	由於喜鵲普遍存在於很多城市公園而數量眾多，其數量在大部分農耕平原極大地下降，但仍被視作有害而須加捕捉。

黑色眼睛

黑色小斑點

蒼白色的鳥喙

粉灰

歐鴿

拉丁學名：Columba oenas

 63-69 厘米

 全年

 老樹林、城市公園、耕地

 可能所有地區

外形特徵	灰色樹棲鴿子，有着黑色眼睛，蒼白鳥喙和粉色的爪子。羽翼合上時可以看見黑色的小斑點，脖子側面有綠色的斑點，臀部不呈白色。飛行時，羽翼中央呈淺灰色區域。
聲音	啼唱是聽得見的低沉咕咕叫聲，從高高的樹枝或屋簷上發出"rou rou rou rou……"的叫聲。
食性	嫩枝、嫩芽、種子、水果。在樹上覓食，落在田野或鄉下的耕地。
易混淆鳥類	相比之下，斑尾林鴿(p.155)體型更大，在脖子和羽翼兩側有大面積的白色斑點。原鴿(p.154)與其相像，但原鴿的喙顏色更黯淡，眼睛呈橙色，羽翼更黑，還有白色的臀部。
季節特徵	歐鴿在冬天與大量來自歐洲北部的鳥類在農耕平原集合。
目	鴿形目
科	鳩鴿科
低調的城市鳥	歐鴿極其低調，棲息在古老的樹林，在那裏它們找到空心的樹木來營巢。在城市裏，它們出現在公園裏，甚至在大街上，它們在排成直線的樹上或廢棄的煙囱裏築巢。但人們從沒有在城市的草坪裏見過它們，因為它們都在高處活動。

紅色眼睛

原鴿

拉丁學名：*Columba livia*

 63-70 厘米

 全年

 城市、鄉村、懸崖

 所有地區

外形特徵	分佈廣泛，通常呈淡灰色，羽翼上有兩根灰色條紋，臀部呈灰色，但逐漸黑化或長出斑紋(到處點綴白羽毛)的鳥很常見。還存在黑色、棕色、白色、雜色的類型。鳥喙呈黑色，雙腿呈深粉色、彩虹橙色等等。
聲音	比如雄鳥在地面追逐雌鳥發出的啼唱是連續低沉的的 "crrouou crrouou crrouou……"，脖子鼓起，向前搖擺。
食性	非常機會主義：植物嫩枝、種子、麵包，也食取一些無脊椎動物；在城市裏，甚至吃紙箱，狗的糞便……
易混淆鳥類	易與野鴿混淆，比如斑尾林鴿(p.155)(體型更大，脖子側邊有白色斑點)和歐鴿(p.153)(樹棲，羽翼上有一點點黑，蒼白色的鳥喙，深暗的眼睛)。
季節特徵	最初在懸崖築巢，在舊建築、房屋的屋簷和較淺的洞穴築巢。仍有少數存在於懸崖和低海拔的山上。
目	鴿形目
科	鳩鴿科
原鴿	原鴿最初是家養狀態。它在科西嘉仍有存在，但大部分都被家養鳥"染指"了，純種野生原鴿可能已經消失了。

白色眼睛

白色斑點

白色斑點

黑色平面帶

白色肘部

斑尾林鴿

拉丁學名：Columba palumbus

 75-80 厘米

 全年

 城市、鄉村、懸崖

 所有地區

外形特徵	也被稱為斑尾林鴿，是一種大型鴿子，在脖子兩側有白色的斑點，羽翼上有白色的線條。淺灰色的尾巴點綴着深灰色的條紋。橙色、粉色和彩虹白的鳥喙。冬天群居。
聲音	啼唱是低沉的咕咕叫聲，先抬高(第二聲更重)，再降低為"hou hou-ou rou rou"。
食性	嫩枝、嫩芽、種子、水果；當嫩芽抽芽時，多棲居於城市裏的法國梧桐和栗樹上，往人行道或汽車上撒下糞便。也在地面覓食。
易混淆鳥類	歐鴿更加謹慎而且無白色。一些原鴿有白色但是夾着斑尾林鴿的圖案，其體型更大。
季節特徵	歐洲北部的斑尾林鴿是候人鳥，一些遷徙經過比利牛斯山口，在那裏它們被獵捕，佔領了伊比亞半島。
目	鴿形目
科	鳩鴿科
城市的斑尾林鴿	以前，斑尾林鴿常常棲息在農業平原的籬笆上。而後它們侵佔了城市。如今，已在城市，甚至是大型都市的中心區域大量繁殖。

灰色鳥冠

綠色臀部

橙黃色下部

白色條紋

蒼頭燕雀

拉丁學名：*Fringilla coelebs*

 24-28 厘米

 全年

 樹林、森林、公園、花園

 所有地區

外形特徵	雄鳥有着灰色鳥冠，栗色背部，橙黃色下部和綠色臀部。雌鳥為棕色，在鳥冠上有更深暗的兩條線。燕雀的羽翼有兩條純白的條紋。邊緣呈白色的黑色尾巴。通常在地上活動，斷斷續續得走動，或者在樹上捕食。
聲音	一聲吼叫式的"tschimp"，啼唱是一連串降調的音符緊接着短暫的吱吱叫"ti-ti-ti te-te-te tu-tu-tu tieu-tieu-tieu tou-tou-tou lilitue"。
食性	通常食取種子和水果，也在繁殖期食取昆蟲和昆蟲幼蟲。
易混淆鳥類	雄鳥與燕雀(p.157)相似，頭部呈棕色和黑色，胸部呈橙黃色，雌鳥讓人聯想到家麻雀(p.141)，但其沒有眉羽，翅膀上有純白色的條紋。
季節特徵	大量的燕雀前往法國越冬。因此能夠在拾取種子的留茬地和耕地找到鳥群。
目	雀形目
科	雀科
歌唱比賽	在比利時，因為其啼唱聲而成為一種熱門的飼養鳥類，用於參加各種比賽。野生燕雀，雖然受到保護，但在秋天遷徙時，在法國西南部仍被偷獵。

橙色胸部
黃色鳥喙
黑色條紋
黑色頭部
黑色背部
橙色肩部
黑色尾部

燕雀

拉丁學名：*Fringilla montifringilla*

 25-26 厘米

 11 月至 3 月

 田野、森林、公園

 所有地區

外形特徵	頭部和肩膀稍黑；胸部、喉部和肩部呈橙色；冬天鳥喙呈黃色，羽翼呈黑色，有着一條白色和一條橙色的條紋。臀部呈白色。雌鳥的顏色比雄鳥暗淡。
聲音	在冬天可以聽見交流的叫聲，燕雀帶鼻音的叫聲 "tjaec" 讓人聯想到翠鳥，有點拖長音。
食性	通常食取種子、水果，特別是山毛櫸的果實。在夏天也食取昆蟲和昆蟲幼蟲。
易混淆鳥類	與蒼頭燕雀(p.156)在冬天經常被混淆，但是其頭部和背部顏色較暗，橙色的胸部和黑色的尾部特徵鮮明。
季節特徵	冬天常出沒於食槽，在那裏食掉在地上的種子。
目	雀形目
科	雀科
百萬群居者	冬季，燕雀集合一起在安靜偏僻的森林睡覺。一些鳥舍非常大，內有超過幾千隻的鳥，其在白天紛飛出巢，去週圍的鄉下覓食。

清晰的眉羽

細細的鳥喙

長羽翼

亮棕色的雙腿

楊柳鳴鳥

拉丁學名：Phylloscopus trochilus

 16-22 厘米

 4 月至 9 月

 灌木叢、森林、樹林

 除了地中海地區的所有地區

外形特徵	上身帶綠色，下身白中帶黃的棕色小型鶯。清晰的眉羽通常呈淡黃色，爪子呈亮棕色，細細的鳥喙。幼鳥與成鳥很相似，但在秋天羽毛更黃。
聲音	叫聲是一聲di音節的"tu-i"，啼唱讓人聯想到燕雀，是一串重複、降調，最後升調的音符："tii-tii-tii tue-tue-tue tuu-tuu-tuu tou-tou-tou tue-tue-tue"。
食性	食取在樹木和小灌木的樹枝和樹葉上找到的昆蟲和昆蟲幼蟲。
易混淆鳥類	易與嘰咋柳鶯(p.159)混淆，不過後者更常見，一般沒有淡黃色羽毛，爪子更加黯淡，羽翼更短，發出mono音節的鳴叫，啼唱差別很大。
季節特徵	楊柳鳴鳥是長途遷徙者，其在黑非洲越冬。在氣候較涼爽的林下灌木叢和荊棘叢築巢，不在地中海環境出現。反倒在遷徙的時候，可以到處看到它們，此期間直到春天，它們甚至會一路唱歌。
目	雀形目
科	柳鶯科
其它柳鶯	其它兩個有着黃色羽毛的柳鶯品種在法國築巢，但是更加罕見。林柳鶯(P.sibilatrix)喜歡老喬木的樹葉（橄欖綠背部，檸檬黃標誌的胸部和眉羽），冠紋柳鶯（P.bonellii）棲居在太陽照射到的灌木叢和樹林裏（淺褐色背部，單色的面部無明顯的眉羽，在羽翼和尾巴上有黃色的花邊）。

嘰咋柳鶯

拉丁學名：Phylloscopus collybita

 15-21 厘米

 3 月至 10 月

 灌木叢、森林、樹林

 所有地區

外形特徵	背部呈橄欖棕色的小型鶯，奶油色的眉羽，羽翼上略顯黃色。幼鳥和成鳥有差別。在灌木叢或林冠活動，尾巴常常耷拉着。
聲音	叫聲比楊柳鳴鳥單調，一聲哀怨的"tui"，啼唱非常有特點，是兩個音符的一連串交替的"tchif tchaf……"。
食性	以無脊椎動物、昆蟲和蜘蛛為食。
易混淆鳥類	易與楊柳鳴鳥(p.158)混淆，楊柳鳴鳥更蒼白，更黃，羽翼更長，腳更加明亮。能夠通過鳴叫和啼唱明確地鑒別這兩個品種。
季節特徵	嘰咋柳鶯是候鳥，大部分在薩赫勒越冬，但一些留在法國，尤其是在南方氣候的地方。3 月至 10 月是遷徙者出現的時節，它們隨處可見。
目	雀形目
科	柳鶯科
Tchif tchaf	其啼唱聲使其擁有了德語名字(Zilpzalp)，英文名字(Chiffchaff)，荷蘭名字(Tjiftjaf)和芬蘭名字(Tiltaltti)，而法國人把它叫做……Pouillot véloce(敏捷的柳鶯)！

黃色羽冠

細細的喙

單色的面部

黑白

戴菊

拉丁學名：Regulus regulus

 13-16 厘米

 全年

 針葉樹林和闊葉樹林、公園

 所有地區

外形 特徵	體型非常小，上身呈橄欖綠，鳥冠上有黑色環繞的金黃色羽冠。羽翼呈黑白色，短尾，細喙，黑色的眼睛在單色面部上看起來很大。是一種在樹枝上活動的小型球狀鳥。
聲音	鳴叫聲是尖銳的"tsi"，不易被聽見，啼唱聲也很尖銳，是一串由3個音符重複5至10次"tsi-ti-tsi tsi-ti-tsi……"。
食性	以無脊椎動物、小型昆蟲、蜘蛛為食，常在高處樹葉上捕食。
易混淆 鳥類	易與普通戴菊(p.161)混淆，但這兩個品種的成鳥可以通過頭部的圖案區分。多在針葉林發現戴菊。
季節 特徵	候鳥，歐洲北部的鳥來法國越冬。在春天，雄鳥豎起其橙色的羽冠以給其對手留下深刻印象。
目	雀形目
科	鶲科
小小王 的傳奇	鳥類需要任命它們的王，決定在空中飛得最高者為王。鷹飛得那麼高，毫無疑問應該被冠以皇冠，但是有一隻小鳥藏在了鷹的背上，並且飛到了跟鷹一樣高的位置，人們稱這隻鳥為戴菊。

白色眉羽　黃色羽冠

細細的喙

黑色的線條

普通戴菊

拉丁學名：Regulus ignicapilla

 13-16 厘米

 全年

 針葉樹林、小灌木叢、公園

 所有地區

外形特徵	體型非常小，呈橄欖綠，頭部上部有黑色環繞的金黃色羽冠，白色眉羽，眼睛前有明顯的黑色線條標誌。羽翼呈黑白色，在脖子兩側有橙色斑點。
聲音	鳴叫聲多變且尖銳，"tsi"或"trii"，相比戴菊，其啼唱略顯單調，是一連串加速的尖銳音符，結束的時候略顯混亂，一般是單音符"ti-ti-ti-ti-ti-ti……"
食性	以無脊椎動物為食，特別是在樹葉以及樹枝和灌木枝椏上找到的蚜蟲和蜘蛛。
易混淆鳥類	易與戴菊(p.160)混淆，其面頰是單色的，既沒有眉羽也沒有眉弓。兩個品種的幼鳥很相像，因為它們頭部的圖案很不明顯，且無鳥冠。
季節特徵	全年可見，相比針葉林，其更偏愛闊葉林。在地中海地區越冬，在此期間，其在法國的數量沒有戴菊豐富。
目	雀形目
科	鶲科
三重或單聲鳴囀	記住兩種不同戴菊品種的記憶法：普通戴菊的啼唱只有1個音節(普通戴菊單音節)，而戴菊的啼唱是3個音節的重複(戴菊3音節)。

棕色背部

橙色胸部和面部

白色腹部

歐亞鴝

拉丁學名：Erithacus rubecula

 20-22 厘米

 全年

 花園、公園、樹林

 所有地區

外形特徵	灰色環繞的深橙色面部和胸部，棕色背部。多在地面活動或在低矮樹枝上活動，在光微亮的時候，在樹枝上鳴唱。幼鳥呈鱗片狀，其羽毛與成鳥的羽毛有差別。
聲音	其啼唱是一連串尖銳的音符，一種忽減速忽加速降調的清脆撞擊聲。其鳴叫是經典的一聲尖銳而強烈的"tic"。
食性	以無脊椎動物為食，特別是鞘翅目昆蟲、螞蟻和它們的幼蟲，通常在地面枯枝落葉層捕食。在冬天也食取漿果和水果。經常在一點點高度的地方捕食，隨後一躍而下靠近獵物。
易混淆鳥類	按理說沒有易混淆的鳥類，這是唯一有着細細的鳥喙，深橙色面部和胸部的陸棲鳥。
季節特徵	斯堪納維亞知更鳥在地中海區域越冬，也在從普羅旺斯直到馬格利布地區越冬。
目	雀形目
科	鶲科
園丁的朋友	在冬天，知更鳥佔領了小小的領地並兢兢業業地捍衛它，不准其它品種的鳥類擅入。如果其在花園定居，它會常尾隨鬆土的園丁，以捕獲露出來的幼蟲和蠕蟲。

灰色額頭

黑色面部

橙色尾巴

赭紅尾鴝

拉丁學名：Phoenicurus ochruros

 23-26 厘米

 3 月至 10 月

 居民區、懸崖

 所有地區，北部很罕見

外形特徵	體型大小讓人聯想到知更鳥，雌鳥和幼鳥有着一身全深灰色的羽毛，深橙色的短尾巴。雄鳥的面部和胸部呈黑色，在羽翼上有白色的標誌，小額頭呈蒼白色。在柱子、屋簷、小木樁、懸崖覓食，通過跳動抖動尾巴。
聲音	鳴囀：弄皺紙張的聲音，接着是一些如笛聲般的音符。兩種鳴叫都常出現，一聲"tac"，或警覺時一聲"ui"。
食性	以地面捕獲的無脊椎動物為食，通常伺機俯衝攫取捕獲，也食取小水果。
易混淆鳥類	白額紅尾鴝雌鳥與其非常相似，但前者有着奶油色的下身，並多在樹上捕食。雄鳥有着淺灰色的背部，黑色喉部以及橙色腹部。兩個品種的尾巴類似。
季節特徵	赭紅尾鴝在地中海地區越冬，一些離開法國，一些多留在氣溫較高的城市。
目	雀形目
科	鶲科
從懸崖到混泥土	最初是一種活動於多石高地和懸崖的品種，如今適應了人類的建築，現今大部分在歐洲南部的城市和村莊棲息。赭紅尾鴝在布列塔尼依然是罕見的，芒什海峽另一頭幾乎不可見。

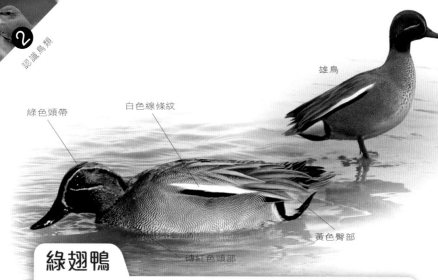

雄鳥

綠色頭帶

白色線條紋

黃色臀部

磚紅色頭部

綠翅鴨

拉丁學名：Anas crecca

58-64 厘米

全年，特別是 10 月至 2 月

沼澤、池塘和潟湖

可能所有地區

外形特徵	地面上的小型鴨，雄鳥有着磚紅色的頭部，眼鏡後面有寬寬的綠色頭帶。側面高處有黑白線狀條紋，尾巴上有黃色斑點。胸部呈小黑斑點綴的乳白色。雌鳥呈淺褐色，不是很明顯的眉羽，鳥喙呈深棕色。在飛行的時候，綠色和黑色的金屬光澤斑紋突顯在白色線條上（二級飛羽）。
聲音	通常較為安靜。在炫耀的時候，雄鳥發出短暫，嘹亮尖銳的 "priip" 聲。
食性	以鳥喙撲入淺水區濾過的小種子為食，一般在夜裏捕食；也食取小型的水棲無脊椎動物。
易混淆鳥類	所有地面鴨的雌鳥（非潛水鳥）都很相像，但配色和羽翼的金屬光澤斑紋大多不同。
季節特徵	大約有幾十對綠翅鴨在法國築巢，但在冬天，綠翅鴨是最常見的鴨子之一，在大面積的自然保護區很容易發現，它們白天在那裏休憩。
目	雁行目
科	鴨科
兩個季節的野鴨	另外一種野鴨，被稱為白眉鴨（A querquedula），在歐亞大陸、從法國到西伯利亞築巢，前往非洲沙漠草原區越冬。雄鳥頭部呈棕色，長長的白眉。曾經甚至在伊爾庫茨克附近、東西伯利亞發現了一隻在塞內加爾戴着腳環的白眉鴨。

淡黃色

條紋狀

黃色面部

短喙

雌鳥

條紋狀下體

弧形尾巴

雄鳥

歐洲金絲雀

拉丁學名：Serinus serinus

20-23 厘米

3 月至 10 月（南方全年）

花園、公園、村莊

所有區域，北方較罕見

外形特徵	小型的條紋雀，碩大的頭部多呈黃色。鮮黃色的臀部在飛行的時候非常醒目。雌鳥比雄鳥更黯淡，條紋更加明顯。
聲音	從樹頂發出特別迅速由尖銳和金屬質地音符的鳴叫聲。鳴叫由三個音符組成，快速尖銳的"trililit"。
食性	以小種子和嫩葉、一些無脊椎動物為食。也在地面覓食。
易混淆鳥類	讓人聯想到翠鳥幼鳥或金翅鳥(p.83)幼鳥，但金絲雀帶條紋的羽毛，黃色的頭部和臀部與它們是有區別的。與黃雀相似，常在冬天出沒，但金絲雀的鳥喙短，其頜也不是黑色的。
季節特徵	歐洲金絲雀只有在炎熱的季節才在法國出現，冬天其向地中海遷徙。3月返回開始啼唱，經常能夠在鄉村的大樹上看到它們。
目	雀形目
科	雀科
金絲雀的表親	歐洲金絲雀和金絲雀是近親，其外形從最初大量籠子裏的各種各樣的金絲雀進行馴養和篩選得來。野生的品種在迦納利島、馬德拉和亞速爾群島築巢。

鳴行鳥

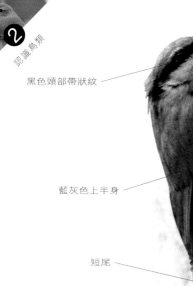

黑色頭部帶狀紋

藍灰色上半身

橙色下半身

短尾

茶腹鳾

拉丁學名：*Sitta europaea*

 23-27 厘米

 全年

 樹林、公園

 所有地區

外形特徵	藍灰色上半身，橙色下半身，眼睛上有黑色髮帶，灰黑色鳥喙讓人聯想到啄木鳥。短短的腳，黑白色的短尾巴。能夠頭向下沿着樹幹降落。
聲音	雄鳥的鳴囀是悠長如笛聲般的"tue tue tue tue……"。鳴叫各異，其中"touit"，"chouit"雄厚嘹亮。
食性	以大量的種子和帶殼水果為食，在樹皮山用鳥喙敲擊來弄破固定住的水果。夏天也食取從樹幹裏掏出的無脊椎動物。
易混淆鳥類	無其它鳾在法國築巢，除了在科西嘉由白頭鳾代替茶腹鳾。
季節特徵	冬天常出沒於食槽，使用孵籠，在那裏為了適應自己的體型而用泥巴開一個口子。
目	雀形目
科	雀科
白頭鳾	體型更小，白眉，黑色額頭，下體呈白色，白頭鳾是科西嘉島地方性的鳥類。喜歡科西嘉黑松的老樹林。是卡比利地區小型鳾的近親。

叉形尾巴

黑色鳥冠

紅色雙腿

尖頭紅喙

普通燕鷗

拉丁學名：Sterna hirundo

 77-98 厘米

 4 月至 9 月

 河流、湖泊

 所有地區

外形特徵	體型中等的燕鷗，上身呈淺灰色，下身呈白色，頭部上半部呈黑色，細細的紅色鳥喙尖部呈黑色。尾巴弧度很大，棲息的時候尾巴的長度等於羽翼的長度。腳呈紅色。幼鳥有着白色額頭、黑色鳥喙和上半身呈條紋狀的羽毛。
聲音	在其繁殖領區之外是安靜的。
食性	以魚類和水棲甲殼類為食，微微潛水後捕食，一般預先定位好地點就不再飛行。
易混淆鳥類	白嘴端燕鷗的體型更大，鳥喙呈黑色，尖部呈黃色。與另外兩種可以在歐洲看到的燕鷗很像：北極燕鷗，更蒼白，腳很短，全紅鳥喙，尾巴更長，不在法國築巢但成千上萬隻北極燕鷗沿着海岸線遷徙；杜戈爾燕鷗，尾巴末梢長長的，鳥喙粗厚，在布列塔尼可以看到一些燕鷗鳥群。
季節特徵	它們既沿海在水域面上築巢，也沿着大河築巢，還在礫石頭築巢，在淺灘、小島上上產卵。例如，在盧瓦爾河沿岸可以見其出現。候鳥，前往非洲海濱越冬，從塞內加爾直到南非。
目	鴴形目
科	燕鷗科

紅色鳥喙

黑色頭部和頸部

白色側翼

磚紅色項圈

翹鼻麻鴨

拉丁學名：*Tadorna tadorna*

 110-133 厘米

 全年

 瀉湖、鹽田、沼澤

 沿着海濱

外形特徵	三色大型鴨，黑色、白色和磚紅色，紅色鳥喙，粉色腳。頭部和脖子呈泛綠色的黑色，從胸部到背部有寬寬的項圈，腹部有黑線劃線，羽翼呈黑白色。雄鳥鳥喙基部有突出的結節。常在水邊河岸活動。
聲音	日常鳴叫是一串長長的帶鼻音，迅速，搏動的 "ak ak ak ……"。
食性	以無脊椎動物為食，經常食取軟體動物，甲殼類和昆蟲，在淺水捕食。
易混淆鳥類	無易混淆鳥類。這是唯一呈黑白色、在地面活動且有着紅色鳥喙的大型鴨。
季節特徵	在法國築巢，常保持成對出現，守護河岸邊以掩護雌鳥產卵的地方。
目	雁行目
科	鴨科
居住在洞穴的鴨子	**翹鼻麻鴨**將其卵產在洞穴底部，一般是水邊，有時在地面下幾米的地方。它也會利用兔子的洞穴來產卵。

無黑色

羽翼上有黃色條紋

黑色面部和鳥冠

綠色背部

黃色臀部

條紋狀

黃色下半身

雌鳥

雄鳥

黃雀

拉丁學名：Carduelis spinus

 20-23 厘米

 全年，尤其是從 10 月至 3 月

 深林、公園、花園

 可能所有地區

外形特徵	黑色、綠色和黃色的小型雀，腹部有條紋，臀部呈黃色。頭部呈黃色，雄鳥的特點是黑色的額頭和下巴。黑色羽翼，有着黃色的條紋，深暗條紋點綴的綠色背部。有着雀類長而尖的鳥喙。
聲音	有着不同的鳴叫，其中"tjlui"以及"dliju"尖銳，略點鼻音，常在飛行的時候發出。
食性	小種子，尤其是橙木的種子，在冬天，黃雀常在落葉的樹枝上成串勾住，也食取禾本科植物的種子。
易混淆鳥類	黃色臀部和條紋下身讓人聯想到歐洲金絲雀(p.165)，其常在夏天出現，但黑色臉部和更長的鳥喙能夠讓人識別黃雀。
季節特徵	在一些樹林，特別是山林築巢，冬天當法國有大量候鳥出現的時候，黃雀數量也變得更加豐富。它也在山谷和平原活動，常出沒於食槽。
目	雀形目
科	雀科

長喙

灰色背部

短尾

羽翼上的紅斑

紅翅旋壁雀

拉丁學名：*Tichodroma muraria*

 27-32 厘米

 全年

 山上的懸崖

 阿爾卑斯山

外形特徵	灰色和黑色小鳴禽，尾巴非常短，羽翼呈圓形，頂端彎曲的長鳥喙。羽翼展開可以看見羽羽內部紅色部分。雄鳥夏天喉部呈黑色，雌鳥喉部呈白色。在懸崖上像蝴蝶一樣飛翔。
聲音	一般都較為安靜。
食性	食取從岩石和牆的坑窪處掏出來的無脊椎動物：昆蟲、節肢動物和蜘蛛。
易混淆鳥類	無易混淆鳥類。旋木雀與其相似，但比它小而且呈棕色。
季節特徵	夏天依附在阿爾卑斯山懸崖，在冬天也下到山谷或平原上活動。
目	雀形目
科	鳾科
法蘭西島的鳥	當其分散到低海拔越冬的時候，它們會定期抵達大城市，甚至可以在法蘭西島地區看到。極少的，可能其中一隻紅翅旋壁雀冬天在先賢祠棲息。在城市裏，它們在鐘樓或石頭建造的老建築牆壁上覓食。

灰色頭部

黑白格子

磚紅色鱗狀羽翼

白色下半身

歐斑鳩

拉丁學名：Streptopelia turtur

 47-53 厘米

 4 月至 9 月

 森林、小樹林和籬笆

 除了山區的所有地區

外形特徵	灰色和磚紅色的小型鴿類，尾巴有白色標記。身體呈淡灰色，脖子兩側有黑白色格紋，羽翼的羽毛中部呈黑色，寬寬的磚紅色邊緣。在電線和枯樹枝上捕食。幼鳥的羽毛是單色的，在上本身略顯鱗狀。
聲音	其鳴囀是悠長的咕咕叫聲，有三個短句：兩個音調相同的短句，一個更長的升調。當其啼唱的時候，雄鳥會鼓起它的脖子，經常在樹頂或小灌木頂的大樹枝上捕食。
食性	以穀物種子、禾本科植物種子、小果子為食。
易混淆鳥類	鴿子呈灰色，歐斑鳩呈淺褐色，有着細細的黑色半週頸圈。
季節特徵	候鳥，前往薩埃爾越冬。
目	鴿形目
科	鳩鴿科

黑色半週頸圈

淺褐色

深褐色

灰斑鳩

拉丁學名：*Streptopelia decaocto*

 47-55 厘米

 全年

 城市和鄉村

 所有地區

外形特徵	脖子後有半週黑色細頸圈的淺灰色鴿子。尾巴上有白色標記，飛羽呈棕色。幼鳥沒有成鳥的頸圈，其着有深紅色的眼睛。
聲音	常在電線或柱子上棲息鳴囀，一串三音節 "hou-hou-hou" 讓人想到貓頭鷹。其着陸的時候有特別的鳴叫，是帶鼻音震動的 "vvuué" 聲。
食性	以穀物種子、其它禾本科植物種子為食，常常在地上採集種子。
易混淆鳥類	相比之下，歐斑鳩顏色更鮮豔，膽子更小，活動地點也離居民區更遠一些。
季節特徵	留鳥，灰斑鳩在城市出現，於收割季節常在穀倉附近聚集。
目	鴿形目
科	鳩鴿科
來自東方的殖民者"	在法國發現第一隻灰斑鳩是於 1950 年在乎日省。從那以後，這隻中亞鳥類佔領了整個歐洲，直到芬蘭，還有北非，一直通往撒哈拉。2010年開始在亞速爾群島繁殖。

認識鳥類

172

黑色頭帶
灰色上身
尾巴上的白色
雄鳥

暗綠色
亮棕色背部
雌鳥

注意：雄鳥：低解析度

穗鵖

拉丁學名：*Oenanthe oenanthe*

 26-32 厘米

 3 月至 10 月

 高山牧場、沙丘和耕地

 可能所有地區，山區或固定點築巢

外形特徵	上身淺灰色，下身白色，眼睛上有黑色的髮帶。白色尾巴，有倒置的黑色T型紋，白的臀部在飛行的時候清晰可見。黑色的羽翼，胸部一般略顯橙色。雌鳥棕色更深，顏色更黯淡。
聲音	鳴叫是一聲尖銳的 "vit"，或 "tac"，通常在叫兩聲 "vit vit" 之後開始啼唱，是短促的喳喳聲。
食性	以地面捕獲的昆蟲為食，也食取軟體動物、蜘蛛和漿果。
易混淆鳥類	鵖鳥的尾巴較為獨特，還有另外唯一一種該類型的鳥在法國築巢，但在地中海週圍極其罕見，白頂鵖(Oenanthe hispanica)，其髮帶處和腹部呈赭石色。
季節特徵	候鳥，先是3月，然後是10月，可以在農耕平原的耕地和海濱發現它們，但它們只在4月份回到築巢處。
目	雀形目
科	鶲科
在沙丘	穗鵖在法國南部的山上築巢，也在法國北部沿海沙丘棲居，在那裏，它們在濃密的植物簇下或在洞穴搭窩。它甚至可以在那裏使用孵籠。

細喙

蒼白色眉羽

栗色細條紋

短尾

鷦鷯

拉丁學名：Trohlodytes troglodytes

 13-16 厘米

 全年

 樹林、森林、公園和花園

 所有地區

外形特徵	體型非常小，肥胖，棕色至磚紅色的羽毛夾雜着黑色細紋，尾巴常常筆直豎起來。細細的鳥喙。多在地面活動，直線迅速飛行。
聲音	啼唱是一連串快速動聽的尖銳音符，對於這種體型的鳥來説已是非常嘹亮。最常聽見的鳴叫是快速的"trtrtrtrtrtr……"聲，常在警告的時候發出該聲音。
食性	冬天夏天食取在樹皮和枯枝落葉層找到的昆蟲，尤其是鞘翅目昆蟲和蜘蛛。
易混淆鳥類	在歐洲無易混淆鳥類，是那裏唯一的鷦鷯。
季節特徵	多在森林裏活動，在那裏，尤其偏愛濃密的林下灌木叢，也常常出沒花園，冬季較為多見。它的鳥巢是苔蘚和草做成的球，掩蔽在牆洞、灌木叢和常春藤背後，位置都不高。
目	雀形目
科	鷦鷯科
源自美洲	在北美有着大量的鷦鷯品種：仙人掌鷦鷯、峽谷鷦鷯、沼澤鷦鷯、岩石鷦鷯等。小鷦鷯也出現在北美洲，並在昔日佔領了歐洲大陸，從愛爾蘭一直到蘇格蘭北部群島。

黑色胸甲

黑色飛羽

長長的鳥冠

綠色光澤

黑色條紋

鳳頭麥雞

拉丁學名：Vanellus vanellus

 82-87 厘米

 全年

 潮濕的牧場、沼澤和小港灣

 有可能所有地區，特別是潮濕地區

外形特徵	黑白色，短喙，頭蓋上有長長的黑色鳥冠的水棲類。羽毛深暗的部位有綠色金屬光澤。雄鳥的對比更加明顯，鳥冠更長。在飛行時，其黑白色羽翼展開呈弧狀。
聲音	顫動強烈的 "pioui" 或 "chiouwli" 聲，在水棲類裏較為獨特。
食性	在耕地和潮濕牧場行走的時候捕獲蠕蟲和其它無脊椎動物，有時候多次嘗試劃開土壤來捕食。在地面行走或奔跑，然後停頓幾秒來觀察覓食。
易混淆鳥類	無易混淆鳥類，唯一呈黑白色、頭部有鳥冠並偏好地面活動的水棲類。蠣鷸也是黑白色的，但其鳥喙呈紅色且更長。
季節特徵	在潮濕的牧場築巢，局部區域內成對麥雞的密度較高。在冬天，聚集在農耕平原，在那裏，我們可以發現在耕地或嫩作物排成直線的鳳頭麥雞。
目	鴴形目
科	鴴科
排水的受害者	大面積的農耕土地進行排水用於灌溉玉米作物時，在法國築巢的鳳頭麥雞的數量便大量地減少，尤其是在法國西部靠近沼澤的地方。

指狀羽翼

白色脖子

飛行時收縮的脖子

棕色身體

西域兀鷲

拉丁學名：*Cyps fulvus*

 240-280 厘米

 全年

 山上、峽谷和高原

 比利牛斯山、高斯高原、阿爾卑斯山

外形特徵	非常大的猛禽，呈棕色和黑色，有着白色短毛的長脖子。格狀的羽翼又長又寬，指狀黑色飛羽和棕色的背甲，短尾。飛行時，脖子收縮。在脖子基部有着羽毛圍成的小項圈。
聲音	通常較為安靜，但在進食環境下會發出多種多樣的嘶啞鳴叫。
食性	食取屍體，其在高空盤旋時進行搜索。當一隻鳥鎖定屍體並開始降落時，其它鳥看見了就加入它，來分食我們稱之為獵物的東西。
易混淆鳥類	跟金雕相比，其體型更大，羽翼呈更明顯的長方形。再引入法國(高斯高原和阿爾卑斯山)不久的禿鷲體型更大，羽毛呈棕色和黑色。
季節特徵	春末哺育雛鳥時，獲得食物的競爭變得異常激烈，而帶走幼鳥需要進行遠途移動，有時候去到山上很遠的地方；荷蘭幾乎每年都可以觀察到它們。
目	鷹形目
科	鷹科
再引入	因為受到迫害(放毒、射殺)，西域兀鷲在塞文山脈和阿爾卑斯山曾銷聲匿跡。一個再引入項目使其首先回歸高斯高原，接着是阿爾卑斯山，如今在那裏，其發揮着肢解山羊、岩羚羊和其它源羊屍體的作用。

綠色

尖利的喙

黃色平面

條紋狀背部

黃色根部

雄鳥

黃色平面

條紋狀下體

雌鳥

歐洲金翅雀

拉丁學名：*Carduelis chloris*

 25-28 厘米

 全年

 小樹林、樹籬、公園和花園

 所有地區

外形特徵	綠色和黃色大型雀，有着碩大的鳥喙。雄鳥下身多為鮮黃色，上身為綠色，沒有條紋。雌鳥更顯灰色，幼鳥下身呈條紋狀，尾巴呈黃和綠色。
聲音	其鳴叫是帶鼻音拖長音的 "djjuiii" 聲，啼唱是一串快速動聽的音符各多次重複 "tji-tji-tji dlu-dlu-dlu tié-tié-tié……"，時而夾雜着鳴叫。
食性	以各種各樣的種子為食，無論有多堅硬，夏天還會食取一些無脊椎動物。
易混淆鳥類	幼鳥與家麻雀（p.141）相似，但金翅的羽翼和尾巴呈黃色。雄鳥呈有特點的黃色和綠色，這讓人想起一些養殖的金絲雀。黃雀和金絲雀身上的條紋狀都非常明顯。
季節特徵	冬天常常出沒於食槽，在那裏，其用鳥喙旋轉以打開瓜子，而不用腳爪來抓。在樹木或灌木的高枝上築巢。
目	雀形目
科	燕雀科

黃色眼睛

白色圓斑

縱紋腹小鴞

拉丁學名：Athene noctua

 54-58 厘米

 全年

 帶樹籬和飼養區的農耕草原

 除了山區以外所有地區

外形特徵	白色和棕灰色的小型鴞，眼睛呈黃色。圓圓的身子，短尾。有時晝行，能夠在石頭堆和小木椿發現它。上身呈帶白色圓斑點的棕色，下身呈棕色條紋點綴的白色。
聲音	鳴叫多變，最常見的是一種強烈刺耳的聲音"koué-ouw"，雄鳥的經典啼唱是一種強烈如笛聲般的，大約每隔兩秒鐘重複發出"kio"聲。
食性	小型脊椎動物（微型哺乳動物，兩棲類，蜥蜴），昆蟲（金龜子，蚱蜢），陸地蠕蟲。
易混淆鳥類	它是唯一在法國草原晝夜活動的小型鴞。灰林鴞(p.179)體型更大，眼睛呈黑色，雕鴞(p.182)體型更大，頭上有類似鳥冠的羽毛。倉鴞(p.180)體型更大，下體全白。
季節特徵	縱紋腹小鴞在內空的樹洞裏或牆壁上的洞裏築巢，常利用孵籠。
目	鴞形目
科	鴟鴞科
鴞和截頭樹	該習性與兩棲類無關，而與某些樹木或某些果園的管理方式有關，因為齊根樹幹枝椏的經常截斷(所謂的"截頭木")有利於形成洞穴和該小型鴞的定居。

黑眼睛

呈棕紅或灰色的羽毛

灰林鴞

拉丁學名：Strix aluco

 94-104 厘米

 全年

 小樹林、樹籬、公園和花園

 所有地區

外形特徵	中型大小的鴞，羽毛呈灰色或棕色細條紋狀，碩大的頭部有兩隻黑色的眼睛。
聲音	啼唱開始是長而雄厚的音符 "hou" 接着是同一聲調貓頭鷹般的叫聲。鳴叫是響亮的 "Kiewit"，幼鳥鳴叫的聲音比雄鳥鼻音更重。
食性	食取微型哺乳類（田鼠、水鼠、鼩鼱），也食鳥類。在城市裏，也食小鼠、老鼠、麻雀和鴿子。
易混淆鳥類	與其體型一樣大的雕鴞(p.182)跟它很像，但後者眼睛是橙色的，頭部有羽冠。
季節特徵	在夜裏捕獵，白天有時棲停在洞穴入口，躲在那裏曬曬太陽。常常引起對其戒備的鳴禽的不滿。從2月起便可以聽到它的鳴囀。
目	鴞形目
科	鴟鴞科
貓頭鷹叫的貓	灰林鴞俗稱為chat-huant，由其啼唱而得此名。多在樹林生活，也出沒森林和城市公園，甚至在巴黎中心築巢。

淡紅棕色上身

白色面部

白色下體

倉鴞

拉丁學名：Tyto alba

 85-93 厘米

 全年

 農耕平原

 除了山區的所有地區

外形特徵	體型中等的鴞，白色下身，灰色和赭石色上身，有着白色的心型面罩和黑色的小眼睛。飛行時，羽毛下方呈全白。法國的倉鴞腹部呈白色，北歐的倉鴞腹部呈亮紅棕色。居住在舊建築、教堂和穀倉。
聲音	哀傷、悠長的擦音，像是門的咯吱聲。
食性	特別是微型哺乳動物(水鼠和鼩鼱)，也食取兩棲類。在法國是在夜裏捕食，在荷蘭也在白天捕食。常常發現其停在路邊小木椿上棲息。
易混淆鳥類	灰林鴞 (p.179)和雕鴞(p.182)無白色下身，無心型的面罩，更偏向於森林鳥類。
季節特徵	大量腹部呈紅棕色的北歐倉鴞前來法國越冬，因為倉鴞不能夠在長期積雪的情況下生存，長期積雪導致它們無法獲得獵物。
目	鴞形目
科	草鴞科
公路死亡	在法國，每年都有成千上萬隻倉鴞沿着公路邊鋪草帶捕食數量豐富的微型哺乳動物而被汽車碾壓致死。該死亡常常在幼鳥散開之際以及冬季發生。

長尾

白色條紋

鷗夜鷹

拉丁學名：Captrimulgus europaeus

 57-64 厘米

 5 月至 9 月

 荒野、林間空地、灌木叢生的石灰質荒地

 所有地區，地中海地區數量巨大

外形特徵	夜行鳥，羽毛與貓頭鷹相似，但是身體結構與其大有不同，但與紅隼相似。雙翼與尾部較長，雙腿非常短，黑色的大眼在日間棲停與地面時緊閉。雄鳥的翅尖分別有白斑，飛行時較明顯，雌鳥則無此特徵。
聲音	雄鳥鳴囀為可持續幾十秒的長顫聲，期間偶爾會有音調變化；有時會被比作駛往遠處的輕騎的雜訊。遠處能聽見其叫聲。強有力的"qvaic"聲，通常是雌鳥或者憤怒的雄鳥發出，同時伴有拍翅的劈啪聲。
食性	飛行時捕捉昆蟲，喙嘴張大，喙邊長而硬的纖羽將無脊椎動物送入嘴中。經常在剛入夜時捕食，隨後停棲在地面，偶爾出現在森林邊界道路中央。
易混淆鳥類	無，這是法國唯一的夜鷹。在西班牙，有紅頸夜鷹，其特徵如其名所示。
季節特徵	直接在地面產卵，它的羽毛能很好地將自己隱藏。人靠近時，它只有在距離很近時才會飛走，因為它對自己的羽毛掩蓋很有信心。聽見同類囀鳴的錄音時，夜鷹會立即鳴叫以作回覆。
目	夜鷹目
科	夜鷹科
長途遷徙者	食蟲的夜鷹是種長途遷徙的候鳥，它們在熱帶非洲甚至到非洲南部越冬。它們從8月開始遷徙，一般都在夜間飛行。

橙色雙眼

冠毛

頭部較大

雕鴞

拉丁學名：Bubo bubo

 160-188 厘米

 全年

 峽谷、懸崖以及平原附近

 山區以及地中海地區

外形特徵	褐色和黑色的大型夜行猛禽，巨大的頭部上長着幾乎水準的長冠毛，雙眼呈橙色。夜間較難發現，較易於黃昏時被觀察，即它正離開待了一個白天的峭壁。
聲音	囀鳴聲較低沉、暗啞，"ou-hou"聲，且第一個音稍高，每2至5秒鐘重複一次。於日落時分，在懸崖、峽谷邊較常聽見它們的叫聲。
食性	以哺乳動物為食，從田鼠到野兔不等，也捕食鳥類，體型從烏鶇到鴨不等。日落時開始捕食。
易混淆鳥類	無，由於其體型明顯大於本地其它夜行猛禽，故無易混淆的鳥類。
季節特徵	觀察雕鴞的最佳時節為冬季末，2月和3月，雕鴞們成對地在其懸崖上的棲所鳴囀。因而我們能看到它們的出現，等待其黃昏時分的飛翔。
目	鴞形目
科	鴟鴞科
南方居士	如果説它們營巢地北至芬蘭，那麼它們在地中海區域的崎嶇地勢上的聚集明顯更為密集。阿爾比勒山脈的懸崖聚集了大量的雕鴞。過了從直布羅陀海峽，它們就被法老雕鴞（Bubo ascalaphus）取代，後者與它們極其相似，但是身形更小，更蒼白，較適應沙漠環境。

冠毛

偶爾傾斜的冠毛

頭部較長

橙色雙眼

長耳鴞

拉丁學名：Asio otus

 90-100 厘米

 全年

 森林、樹叢、灌木叢、樹籬

 所有地區

外形特徵	中等身材的耳鴞，呈赭色、褐色和黑色，頭部上方長着漂亮的冠毛，雙眼呈橙色。林棲，白晝在隱蔽的樹上睡覺，身體保持筆直、伸長，冠毛豎直。
聲音	鳴聲普通，較輕，每幾秒鐘重複類似憋住的"hou"聲。幼鳥噓聲較尖，兩個音調的"iiiiuu"，以此在離巢後告訴父母其所在位置。
食性	以小型哺乳動物為食，尤其是田鼠和水鼠，也會食取樹鷚和一些鳥類。
易混淆鳥類	易與灰林鴞相混淆，後者眼睛呈黑色。雕鴞體型明顯大於長耳鴞，且不在森林活動。在法國罕見的短耳鴞與它非常相似，但是毛色較淺，冠毛極短，眼睛呈黃色，習性更偏晝行鳥。
季節特徵	一般來説，它們在小嘴烏鴉或喜鵲的位於樹幹高處的舊巢內哺育雛鳥。冬季，它們有時在針葉類矮木間集體營巢。
目	鴞形目
科	鴟鴞科
大、中、小鴞	在補充鴞類大全時，必須提到小鴞即最小的鴞：普通角鴞（Otus scops）。它們翅長僅20厘米，全身為灰色和黑色條紋，雙眼呈黃色，主要分佈在地中海區域，在果園和森林活動。

183

實用手冊

──指南、書籍和光碟──

《鳥類學指南(*Le Guide Ornitho*)》,拉斯·斯文森、基里安·穆拉內、皮特·格蘭特。德拉紹與尼埃斯萊出版社。448頁。歐洲最全的鳥類辨認指南,有900種鳥類描述。

《鳥類蹤跡和徵象指南(*Guide des traces et indices d'oiseaux*)》,R·布朗、約翰·佛格森。德拉紹與尼埃斯萊出版社。336頁。羽毛、鳥糞、卵殼、食物殘渣等等,學習辨認鳥類的蹤跡和徵象。

《法國100種罕見和瀕危鳥類(*100 Oiseaux Rares et Menacé de France*)》,弗雷德里克·吉蓋。德拉紹與尼埃斯萊出版社。196頁。補充前一本書的紅色品種清單以及其它瀕危鳥類。

《在法國去哪裏看鳥?(*Où voir les oiseaux en France?*)》,鳥類保護協會。納唐出版社。398頁。在全法國觀察鳥類,關於鳥類活動地點的資訊。

《穩定拍攝(*Photographier en toute stabilité*)》,勞倫·提詠。迪諾出版社。224頁。作者介紹了多種實景穩定拍攝鳥類的方法。

根據囀鳴聲辨認鳥類:《法國的鳥類:鳴禽類。148種鳥的946種歌聲。(*Oiseaux de France : Les Passereaux. 148 espèces en 964 enregistrements*)》。由費爾南德·德盧森和弗雷德里克·吉蓋指導。一盒五張碟裝,包括一本記錄所有聲音的手冊。嘰喳/國家自然歷史博物館。請掃描此二維碼或者登陸網頁http://www.jardindesplantes.net/la-biodiversite/chants以收聽聲音片段!

──協會聯盟──

　　眾多地區和國家鳥類協會為你提供探索鳥類的機會，尤其通過實地考察帶來大量資訊。

　　所有在法國、法國海外省屬地以及其它法語國家（瑞士、比利時、魁北克）的協會聯盟都可以在以下網址查到：

www.oiseau-libre.net/annuaire/Oiseaux/Associations/France.html

法國

● **鳥類保護協會（LPO）。**

　　涵蓋了眾多地方協會。www.lpo.fr

　　LPO 發行的兩本季刊：

　　《鳥類 畫報（L'OISEAU Magazine）》將帶你在探索鳥類世界裏翱翔，通過動物畫家、自然標本攝影師以及自然專家和保護者的竭力合作為你提供最佳觀察和保護方法。年定價（四期）：19.5歐元。

　　《鳥類 青年畫報（L'OISEAU Magazine junior）》。草坪上自然主義者的讀物，供7-12歲青年閱讀的季刊。帶讀者在魅力無窮的鳥類、自然世界裏暢遊，在享受樂趣的同時學習保護它們：讀者來信、嘎嘎一角、驚人的檔案、種類聚焦、貼畫、遊戲、修補活兒、自然日誌、比賽、調查、報道……這一切都藏在這本28頁的彩色雜誌裏！年定價（四期）：24歐元。

　　訂閱地址：LPO-皇家鑄造廠-BP90263-17305 羅什福爾 或者 網址：www.lpo.fr

比利時

- **鳥綱**

  認識、熟悉、保護、熱愛……鳥類。

  瓦隆鳥類學協會。http://www.aves.be

- **比利時皇家鳥類保護協會**

  國家鳥類保護協會，http://www.protectiondesoiseaux.be

瑞士

- **我們的鳥類**

  鳥類研究與保護協會 http://www.nosoiseaux.ch

- **ASPO**

  瑞士鳥類保護協會 http://www.birdlife.ch

- **瑞士鳥類學研究所**

  一個私人創辦專供研究與保護鳥類的基地，位於森帕赫http://www.vogelwarte.ch/startseite-franz.html

一些專業觀察點

法國眾多自然保護區（你可以登陸www.reserves-naturelles.org網站）中，很多都是對鳥類開放的，偶爾還專供觀察鳥類。請登陸：

- 卡布里埃(la Capelière)自然保護區，卡馬爾格區，是不可錯過的鳥類學研究地。瀕臨瓦卡爾斯池塘，位於阿爾勒南部，擁有多條設備齊全的觀察路線：www.reserve-camargue.org

- 奧爾甘彼得克斯嘉山口(le Col d'Organbidexka)，在比利牛斯-大西洋區域觀察秋季遷徙至巴斯克地區的鳥類。位於聖讓-皮耶德波爾與塔爾代中間，駕車駛往便捷。聯繫OCL(Organbidexka Col Libre)協會：www.organbidexka.org。

- 瑪律崗丹爾平原鳥類學公園，位於索姆省海灣北部：www.parcdumarquenterre.com

- 勒泰克鳥類學公園，位於阿爾卡雄盆地。這是一座專供野生鳥類活動的公園，內設便於觀察的路線。www.parc-ornithologique-du-teich.com

網站

富含鳥類圖片的專業網站：

www.ornitho.fr：法國在線鳥類學數據門戶。

www.oiseaux.net：鳥類研究門戶與百科指南；全世界各種鳥類描述説明；鳥類相冊、圖集、音庫。

oizolympic.lpo.fr：一個通過囀鳴聲辨認鳥類的遊戲，訓練你的鳥類知識！

vigie-nature.mnhn.fr：可參與的生物多樣性觀察台，由巴黎的國家自然歷史博物館組織調配。

www.oiseauxdesjardins.fr：一個在花園裏的可參與的鳥類公共觀察台，供鳥類學家以及大眾公民觀察，由鳥類保護協會和國家自然歷史博物館共同推動。

去哪裏配備裝備？

自然印象

大量雙筒望遠鏡、單筒望遠鏡以及小配件供選擇，位於比利時，提供眾多鳥類學家文獻參考；擁有知名品牌器具，以及性價比高的獨家生產模型：www.deputter.com

LPO在線商店

鳥類的食槽、孵籠、飼料，以及雙筒望遠鏡、書籍、配件，你可以網上購買這些商品：www.lpo-boutique.com

綠色的耳朵

在法國或其它地方的鳥類或其它動物的錄音：www.oreilleverte.com

自然與探索

　　這些商店為你提供踏上奇特的遠足、喚醒孩子熱愛大自然、綠色園藝等活動的商品、建議、禮物……www.natureetdecouverte.com

——一些實用的聯繫方式——

- 如果你遇到受傷的鳥兒：請聯繫距你最近的野生動物保護中心。你在以下網站能找到官方保護中心目錄：http://uncs.chez.com

- 如果你遇到套了腳環的鳥兒，請聯繫位於巴黎自然歷史博物館內的鳥類種群生物研究中心，可以發送電子郵件（crbpo@mnhn.fr），或者致電（01 40 79 30 83）。

- 如果你看到帶着彩色標識的鳥兒，請登陸網站 www.cr-birding.be 並搜索使用該標識的科學研究項目。你可以隨後發送電子郵件致給鳥兒套環的工作人員，他會給你回覆並告訴你有關這個標識的故事。

物種索引

總索引

圖片來源

除下列作者相關作品以外，本書圖片均由作者拍攝：

◎ 彼得‧阿爾弗雷，p.142。

◎ 亞歷山大‧保珂納，p.80。

◎ 讓‧彼司提，p.70，p.78（右）。

◎ 于連‧布朗熱，p.47（上右）。

◎ 狄迪埃‧珂蘭，p.100（左，右）。

◎ Jean-Louis Corsin讓路易‧考赫森，p.182。

◎ Edouard Dansette愛德華‧當賽特，p.46（上左、下左）。

◎ Julien Daubignard于連‧道彼矗赫，封面，p.1，p.18（上），p.24，p.59（下），
p.61（從上方起第二幅），p.68（左，右），p.69，p.72（左，右），p.73，p.76，
p.77，p.84，p.85，p.86，p.89，p.90，p.92，p.97（左），p.103（左，右），p.104
（左，右），p.105，p.106（左，右），p.111（右），p.112（左，右），p.113（左，
右），p.114（左），p.115（右），p.117，p.118，p.119，p.120，p.122（左），p.124
（左，右），p.125（右），p.126（左），p.130（左，右），p.132，p.133（右），p.135
（左），p.136（左），p.137（右），p.139，p.140，p.146，p.151，p.163，p.166，
p.167，p.171，p.173（左，右），p.174，p.175（左），p.177（上），p.183（右）。

◎ Eric Didner艾瑞克‧迪奈，p.101（左，右），p.122（右）。

◎ Yann Kolbeinsson亞納‧考爾班松，p.46（上右），p.78（右），p.128（左，右）。

◎ Christian Maliverney克利斯蒂昂‧瑪利韋赫內，p.37（下），p.178，p.180。

◎ ChristoPhe Mercier克里斯道夫‧麥赫希，p.131（左）。

◎ Corentin Morvan考航丹‧毛赫望，p.50，p.131（左），p.138（左）。

◎ Jean-Pierre Moussus讓皮埃爾‧穆蘇，p.51（下右），p.82（下），p.135（右），
p.149，p.156，p.157（左，右），p.165（左），p.169（左，右），p.170，p.176（左，
右），p.177（右），p.179。

◎ Geroges Olioso喬治‧奧利歐梭，p.168。

◎ Vincent Palomarès文森‧帕洛瑪赫斯，p.46（右下），p.71，p.72（左），p.74
（左），p.81（左，右），p.96（右），p.99（左，右），p.107，p.115（左），p.121（左，
右），p.123，p.143，p.148，p.164（右），p.165（右），p.175（右）。

◎ Jean-Philippe Paul讓菲力浦‧保羅，p.67。

◎ Thierry Petit蒂埃里‧博狄，p.47（上左）。

◎ Marc Thibault馬克‧迪波，p.93。